跳出猴子思维

如何成为
不完美主义者

[美] 珍妮弗·香农 (Jennifer Shannon) 著
[美] 道格·香农 (Doug Shannon) 绘
王丽萍 译

中国科学技术出版社
·北京·

THE MONKEY MIND WORKOUT FOR PERFECTIONISM: BREAK FREE FROM
ANXIETY AND BUILD SELF–COMPASSION IN 30 DAYS! by JENNIFER SHANNON AND
DOUG SHANNON

北京市版权局著作权合同登记 图字：01-2024-2982

图书在版编目（CIP）数据

跳出猴子思维 : 如何成为不完美主义者 / （美）珍
妮弗·香农（Jennifer Shannon）著 ；（美）道格·香农
(Doug Shannon) 绘 ; 王丽萍译 . -- 北京 : 中国科学技
术出版社 , 2025. 4（2025.9 重印）.
ISBN 978-7-5236-1193-7

Ⅰ . B848.4-49
中国国家版本馆 CIP 数据核字第 2024C79W76 号

策划编辑	李　卫	责任编辑	童媛媛
封面设计	东合社	版式设计	蚂蚁设计
责任校对	邓雪梅	责任印制	李晓霖

出　　版	中国科学技术出版社
发　　行	中国科学技术出版社有限公司
地　　址	北京市海淀区中关村南大街 16 号
邮　　编	100081
发行电话	010-62173865
传　　真	010-62173081
网　　址	http://www.cspbooks.com.cn

开　　本	880mm×1230mm　1/32
字　　数	104 千字
印　　张	6.75
版　　次	2025 年 4 月第 1 版
印　　次	2025 年 9 月第 2 次印刷
印　　刷	大厂回族自治县彩虹印刷有限公司
书　　号	ISBN 978-7-5236-1193-7 / B·200
定　　价	59.00 元

前　言

　　尽管在过去二十年里受到种种审视和质疑，完美主义对我们仍具有浪漫的诱惑力。在我们的竞争文化中，表现和展示与权力、成功以及更高的社会地位密切相关。然而，我们为之着迷的代价却是高昂的。如果我们不敢冒险犯错或失误，并且在犯错或失误时不能原谅自己，那么我们就剥夺了自己去冒险、去创造、去探索、去完全融入生活的自由。归根结底，我们无法原谅自己出错，这仍然是我们职业成功、人际关系以及个人成长和幸福的最大障碍。

　　《跳出猴子思维：如何打破内心焦虑、恐惧和担忧的无限循环》（*Don't Feed the Monkey Mind: How to Stop the Cycle of Anxiety, Fear & Worry*）是我之前写的一本书。阅读过这本书的读者一定会认识到，完美主义思维、过度负责、不能容忍不确定性并称"猴子思维模式"的三大支柱。我所说的"猴子思维模式"，可理解为当我们被大脑边缘系统发出的"非战即逃"警报所挟持时的反应性思维方式，我们会体验到恐惧和焦虑。我们认为自己应该甚至可以始终保持完美，这是一种错误的假设。无条件地接受不完美的自己，其所蕴含的智慧是不言而喻的。然而，我们却继续为每一次感知到的失败和不足而自责。为什么呢？

正如你在本书中所发现的，完美主义不仅是一种思维模式，也是一种行为模式。作为一名认知行为治疗师，我的工作不仅涉及来访者的认知或想法，还涉及他们的行为。这些来访者一次又一次地向我证明，任何新的思维方式要想生根发芽，都必须与新的行为方式相结合。这就是为什么这本书可以称之为一本自助手册。要想从中受益，你不仅需要打破完美主义的思维模式，还需要打破完美主义的行为模式。换句话说，你必须付出汗水！每做一次练习，你就能培养出更多的韧性和自信，让自己摆脱完美主义的束缚，真正相信你已足够好。

CONTENTS

目录

第一章

完美主义者

CHAPTER 1

"同学们，我要宣布一个特别的消息，咱们班有人在学校作文比赛中获奖了！"我的五年级任课老师笑逐颜开。她的目光扫过我们的脸庞，让我们充满期待。我感到一簇希望在胸中迸发，就像锅里爆出第一粒爆米花。然而脑子里却有个声音在暗自嘀咕："不可能是我，我的作文太蹩脚了！"

我那"蹩脚"作文的主题是帕特里克·亨利（Patrick Henry），这位开国元勋曾说过"不自由，毋宁死"的传世名言。写这篇作文时，我无数次痛苦得几乎要死。在过去的两周里，每天放学后，我都把自己关在房间里好几个小时，写了又改，改了又写，直到地板上到处都是皱巴巴的草稿纸。当妈妈试图帮助我时，我把每一个建议都当成批评，认为自己不能胜任这项任务。许多次动笔都是以泪流满面告终的。最后一晚，我拼凑了一篇单页篇幅、双倍行距的作文交了上去。然而令我惊讶的是，此时此刻，老师正用赞赏的目光注视着我。

"恭喜你，珍妮！"随着她的话音落下，我的心中一股自豪感悄然而生。"到这儿来，请为全班同学朗读你的获奖作文吧！"她伸臂相邀，示意我到教室前面去。

"什么？"我的心怦怦直跳。在课堂上朗读课文总是让我焦虑不安，更何况朗读自己的文字！我不由得思前想后：这下每个人都会明明朗朗地听到我写得有多糟糕了。如果我发音不准怎么办？我会不会看起来很蠢？我不由自主地往座位里缩，巴不得立马隐遁。看我实在不情愿，老师亲自替我朗读了作文。我听得如坐针毡，感觉耳边响起的每个字都很愚蠢很虚假。直到听罢全文，我才长长地舒了一口气。

可怜的我啊！为了写出一篇足以让老师和同学欣赏的作文，我把自己搞得心力交瘁。年仅十一岁的我已然是个十足的完美主义者了。当我发现要在当地小学征文比赛中获胜就意味着我必须为区级比赛再写一篇新作时，我的恐惧可想而知！

如今，时隔半个世纪，我已成为一名焦虑症治疗专家。在开始为新的来访者诊治之前，我会询问他们的治疗目标是什么。最常见的回答是："我想减少焦虑，让自己感觉更好。"

无论你是否考虑过心理治疗、是否接受过心理治疗，或者像我一样是一名心理治疗师，这个目标都很容易让人产生共鸣。如果我们不那么焦虑，如果我们更喜欢自己一些，我们就能在别人面前更自然、更真实，而不是过分在意别人会如何评价或批评我们。我们可以追随内心的渴望，而不是一直纠结于应该做什么。我们可以冒更大的风险，发挥自己的创造力，然后原谅自己的不足。当我们感到疲惫时，我们可以停下来，照顾好自己。即使我们的工作还没有完成，我们也不会勉强自己直至筋疲力尽。我们不必假装相信自己，我们会真正自信。

对于像我们这样的完美主义者来说，要达到真正自信，必然面临一个巨大障碍。就像小珍妮写作文那样，我们在进行任何冒险时，都必须面对我们最大的批评者：我们自己。

第二章

失去的价值观

CHAPTER 2

　　曾经多少次我们发誓要对自己好一点？要像对待身陷痛苦的好朋友那样与自己对话？我们认真地背诵自我肯定宣言，积极暗示自己，自己是可爱的、有价值的、值得尊重的。我们承诺不再把自己和超级名模、运动健将、初创企业家相比较。在无数的励志书籍、研讨会、讲座和TED[①]演讲中，我们被告知"你已足够"，我们也非常愿意相信这一点。我们发誓，从今天起，我们将更加爱自己，尽管我们不尽完美。自我接纳和自我关怀是终极良方，是治愈我们的对症解药！

　　理论归理论，现实归现实。晨会结束，刚走出会场，你就意识到自己遗漏了一个重要话题，不禁心中懊恼："我怎么会犯这么愚蠢的错误呢？"到了中午，你又饿又累，需

---

① 是 Technology、entertainment、design 三个单词的首字母缩写，即技术、娱乐、设计，是美国一家私有非营利机构。该机构是一家影响力比较大的演讲平台。——编者注

要休息一下，但是，你认为在这份报告完成之前，你不能停下来。有人建议你要多授权，但是，你会想万一同事搞砸了，就会给你带来不利影响。很晚才下班，你感觉身心沉重，如影随形的是无形的压力和莫名的烦躁。

回到家里，取出信件，你发现有一张逾期账单，你会想："为什么我要拖延？为什么我不能一收到账单就付款？"换上牛仔裤，你感觉太紧绷："我怎么又丑又胖！"陪孩子们在公园里玩耍，老幺第三次想上厕所，让你不由得火冒三丈："我是个糟糕的家长！"伴侣抱怨你出门时没有把垃圾带出去，惹得你大发雷霆："对我的种种付出为什么你就视而不见？"

当天晚上，你看到朋友们在欧洲度假的帖子会想："为什么我没有足够的钱去享受这样美好的假期？"刚要熄灯就寝，手机上弹出一则提醒信息，你才发现待办事项清单上有一项被你忘了个一干二净。此时此刻，你感觉自己简直糟透了。紧接着，你想起了对自己的承诺，要接纳自己，

要关怀自己，于是乎，你告诉自己："我这样就挺好。"

而这话无异于陈词滥调，缺乏说服力。你甚至不能正确地做到自我关怀。你会这样想："如果我再好一点点，就会更容易相信我已经足够好了！"

当然，对于完美主义者来说，"再好一点点"是远远不够的。对我们而言，自我接纳和自我关怀总是有条件的。在我们看来，只有当自己正确地完成每件事，只有当自己给老板留下深刻印象，只有当自己减肥成功，只有当……

自己才有价值。对于完美主义者来说，生活就是一连串无穷无尽的错误需要避免、能力需要证明，一旦失败，我们就必须受到惩罚。我们那些积极肯定的泡沫要想经久不破，不仅要经得起生活中的磕磕碰碰，还要经得起我们自我评判的尖锐刺痛。

对于完美主义者来说，更令人困惑的是，表现完美并避免任何我们无法做到完美的事情，看起来像是一种制胜策略，也就是"完美"策略。通过流血、流汗、流泪，再加上些许运气，我们往往能在工作中赢得晋升，管理他人并获得更好的薪酬待遇，博得青睐并获得更高的社会地位。但是，且看看我们为完美主义付出的代价吧。

当我们无法接受批评时，我们就不愿接受可能有助于我们成长的反馈。

当我们不能容忍错误时，我们就无法投入需要不断尝试才能掌握的事情。

当我们难以中断工作时，我们不到一切圆满完成那一刻就停不下来，就不可能得空来照顾自己或陪伴家人和朋友。

当我们畏惧别人评判时，我们就做不到真诚、真实、脆弱。

当我们害怕面对失败时，我们就没有勇气去追求那些能给我们带来人生最大成就的艰难目标。

当我们凡事都得"按自己的方式"时，我们就无法分派任务和寻求他人帮助。

在追求完美的过程中，我们牺牲了自发性、创造性、真实性、自我照顾、社交、人生目的和自我关怀等。没有它们，我们可以幸存，但我们能茁壮成长吗？焦虑、抑郁和心身耗竭在我们的社会中普遍存在，这有力地证明了我们中的许多人只是还活着而已。这也难怪，依赖药物和酒精来自我麻醉，借助治愈系美食来抚慰自己，通过购物和社交媒体来分散自己的注意力，乃是常态而非例外。

认识到我们为完美主义付出何种代价，我们可能会问：为什么放松对自己的控制如此困难？为什么我们就不能变得更随和一些？放弃完美真的需要练习吗？是的，当我们为生活中的错误或失败留有余地的时候，我们就必须应对来自内心深处的一股强劲对抗力量：我们原始的生存动力。

第三章

助长"猴子思维"

CHAPTER 3

生存一直是我们的第一要务——命之不存，何谈自信、创造力、发自内心的喜悦？作为一个物种，尽管我们没有一身皮毛来抵御恶劣天气，也没有尖牙利爪来对抗食肉动物，但在生存方面，我们的表现十分出色。我们通常把这种成就归功于我们高度进化的额叶，但我们也必须感谢我们大脑中最古老的部分——边缘系统。边缘系统是指位于大脑半球内侧面中央部分的一种灰质结构及其间相互连接的纤维束，它主导我们的生存本能，监控着我们所经历的一切——我们的所见、所闻、所感、所想，以防我们的安全和福祉受到威胁。它就像一个预警系统，在我们意识到任何危险之前，就已经发出了"非战即逃"的警报。

对于完美主义者来说，边缘系统对犯错的威胁尤为敏感。犯错会显露我们的弱点，有可能招致他人的批评并危及我们的社会地位。由于我们的遗传气质或生活经历，抑或兼而有之，边缘系统会在不恰当的时候触发警报——释放神经化学物质和激素，让我们体验到负面情绪。如果面条煮过头，我们就会对自己生气："我怎么可以搞砸呢？"如果有人在我们演讲时看手机，我们就会不知所措："我是不是让大家感到无聊了？"如果别人在健身房锻炼得更卖力，别人开的车更酷炫，别人的孩子取得了更好的成绩，我们就会因为自己不够好而感到羞愧："我得到大家的尊重了吗？"

边缘系统的过度敏感，导致我们一刻也不能放松对自己的要求，导致我们喜欢掌控一切，导致一切都必须"完美无缺"。对我们来说，失败不是一个选项。若是做不好，那就不该做。任何被我们所依赖的人批评或拒绝的可能性——无论来自上司同事，还是来自家人朋友，都让我们感觉是一种生存威胁。在一个充满危险的世界里，我们对被拒绝、孤独和脆弱的原始恐惧占了上风。

对某些人而言，完美主义是为生存付出的合理代价。但我们知道，活着固然重要，但否认自己的人性弱点，对自己的错误和缺点缺乏宽容和同情，这样的生活不是真正的生活。如果我们能把边缘系统稍微调一调，少触发一些"非战即逃"警报，多启动一些"休息和消化"模式，我们就能对自己多一些同情，多一些随和。

但是，大脑的这一部分是独立的，有着自己的思想。它不依赖于我们的个人价值，也不依赖于生存之外的任何价值。它劫持了高度进化的额叶等大脑的其他部分，让我们认为，即使已经精疲力竭也不能有所松懈。当边缘系统成为我们的主人而非仆人时，我们该怎么办？

我们能做的第一件也是最重要的一件事，就是与我们的边缘系统保持一定的心理距离。它不是我们，它只是我们的一部分，是我们无法直接控制的脑中之脑。它的反应快如闪电，它无法思考或评估风险，它咄咄逼人地要防止我们被赶出自己的部落，它本身就具有动物般的特性。因此，我喜欢称它为 "猴子思维"。"呜——呜——呜！莫犯错！" 这就是我们潜意识的丛林法则。

幸运的是，我们是有意识的人，我们可以训练自己，让自己克服追求 "完美" 的潜意识。当我们训练自己接受不完美时，我们就训练了 "猴子思维"，使其减弱对不完美的反应。

完美主义的循环

回到那个小完美主义者以帕特里克·亨利为话题写作

文的故事，让我们从"猴子思维"的角度来看看我的经历。一想到自己可能无法给老师和同学留下深刻印象甚至受到批评，即使这只是一种可能性，对于被激活的边缘系统而言，也已构成了严重威胁。边缘系统发出警报，提醒我当心不可接受的风险，于是我被注入一种"非战即逃"的感觉，这是"猴子思维"在号召我赶紧应对："呜——呜——呜！快行动！"

我响应号召，把自己关在房间里写作。如果不确定自己写的东西是否足够好，我就把稿纸揉成一团，重新开始。为了得到所有人的认可，我把自己逼得心力交瘁。

我的行为是连锁反应的一部分。从"猴子思维"的角度来看，一想到我可能达不到部落的期望，我就会感到威胁，从而触发警报，产生焦虑感，促使我做出反应——过度思考和过度工作。

负面情绪

在我们的生活中，"思想—感觉—反应"的链式循环每天都会发生数百次。有些就像我当年写作文那样戏剧化，但大多数我们几乎意识不到。当我们注意到这些连锁反应时，我们往往认为它们彼此孤立。然而，一旦学会识别它们，我们就会发现，每一个"思想—感觉—反应"链，其实只是更长链条中的一环。让我们看看"思想—感觉—反应"如何一链传导一链吧。

由于我们始终处于生存危险之中，"猴子思维"密切监视着一切，包括我们如何响应它的行动号召。当我对焦虑做出反应，试图通过更加努力来摆脱这种感觉时，我向"猴子思维"发出了自己的信息。我证实了它的看法，它认

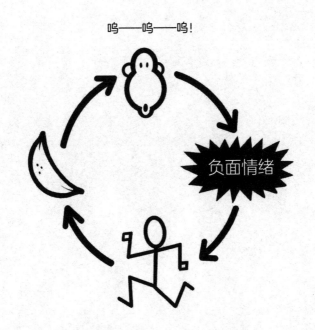

呜——呜——呜！

负面情绪

为我受到了威胁。当我们的反应告诉我们的边缘系统它做得很好时，我们就在给它编程，导致它发出更多的错误警报，在未来类似的情况下传递更多的焦虑。对于完美主义者来说，对被批评或被评判的焦虑做出的反应，就像喂饱猴子的香蕉，助长了对被批评或被评判的焦虑的循环。

对于完美主义者来说，避免犯错和保持控制会增强我们必须这样做的信念，反之亦然。这是一种自我实现的预言。

第四章

信念与行为

CHAPTER 4

　　下面这个笑话很好地说明了我们的信念与行为之间的共生关系。

　　一位久居纽约者正带着一位访客游览曼哈顿。当他们穿过第五大道时,这位纽约人突然一跃而起,"砰"的一声跳落在一个窨井盖上。在接下来的几个街区里,每路过一个窨井盖,他都会重复这样的动作。

　　"你到底在做什么?"游客被弄得莫名其妙,忍不住开口问道。

　　"我在吓唬鳄鱼,防止它们从下水道里爬出来。"纽约人一本正经地回答。

　　"太荒唐了!"游客不禁嘲笑,"这是我听过的最荒唐的事!"

　　"那你放眼四周",纽约人以问作答,"有没有看到鳄鱼？"

"没有。"游客实话实说。

"或许很荒谬，但很有效！"纽约人的语气中略带几分自豪。

任何统计学一年级的学生都会告诉你，相关关系并不等于因果关系。一个随机的行为（比如跳到窨井盖上）可能先于一个积极的结果（比如"没有看到鳄鱼"），但前者并不是后者的原因。如果你说，"因为我跳到窨井盖上，所以这里没有鳄鱼"，正如来纽约的游客所观察到的那样，这是荒谬的。

但是，我们总是在无意识中做出同样荒谬的关联。还记得那次我拒绝在课堂上朗读我的作文吗？没人有机会嘲笑我的朗读。看到我这样做的结果，"猴子思维"得出结论："因为我阻止了你在班上朗读，所以你保住了同学们对你的尊重，你是安全的。"同样，当我在比赛中获胜时，尽管自我怀疑和无用功白白浪费了许多时间，但"猴子思维"的结论是："由于我迫使你更加努力，你安全了，得到了老师的青睐。"我们可以把这些简单甚至荒谬的结论称为"猴子逻辑"，这种逻辑完全以我们免受批评、评判或拒绝的安全程度来判断结果。

完美主义信念

由于"猴子逻辑"是如此紧密地被编织在我们的潜意识中，我们无法看到它所创造的模式。下面这些说法听起来熟悉吗？

"犯错、被评判和被批评意味着我不够好。"
"只有当我表现出色，我才会对自己感觉良好。"
"我不能依赖别人，因为他们不会按照应该的方式做事。"
"如果有人在某件事情上比我强，那就说明我不够好。"
"如果我失败了，那就意味着我逊人一等。"
"如果我不能把一件事情做得完美，那么我就不该做。"

这些完美主义信念都有一个重要的共同点：它们并非为我们服务，它们服务于边缘系统的生存议程。当我们采

用完美主义行为时，我们助长的就是我们自己的"猴子思维"。这种思维方式让我们在犯错时很少有自我接纳或自我关怀，让我们不愿意相信别人会把事情做对，让我们永远追求掌控感。

完美主义行为

识别完美主义行为可能很困难，因为我们所做的很多事情都符合这一标准。在职场上承担繁重的工作，看似是我们实力和雄心的健康展现，但如果我们忽视了自己的健康和所爱的人，我们可能是在过度补偿我们对失败的恐惧。我们认为，自己完成得越多，被批评的可能性就越小。过度工作是过度追求完美者的典型行为，而且很容易被合理化，因为过度工作虽难以避免心身耗竭，却可以带来短期成功。

逃避承诺和拖延，这些被归类为"懒惰"的行为，也可能是完美主义的表现形式。怎么说呢？如果我们的无意识想法是"不承担这项任务，我就不会失败，也就不会受到批评"，那么这就是由完美主义驱动的。我们做得太多还是太少，抑或兼而有之，都取决于具体情况。如果我们的行为是对害怕失败以及最终害怕被拒绝的反应，那么我们就是在助长"猴子思维"。

完美主义者每天都会接受微量的"非战即逃"神经化学物质，并以完美主义的微小行为做出反应，一天要做几十次甚至上百次。当考虑以下行为时，你问问自己："我的这种行为证实了我的生存受到了什么威胁？"

　　——过度准备会议，以降低犯错的风险
　　——除非所有任务都完成并完成得很好，否则就
　　　　拒绝给予自己睡眠、娱乐以及和家人共处的

时间

—— 加班加点，确保自己领先于他人

—— 拒绝委派任务，因为别人达不到自己的标准，
这可能会影响到自己

—— 拖延任务，直到时间所剩无几，才可以安心
地降低期望值

—— 拒绝提问，认为这会暴露自己的无知

—— 在社交场合，试图用药物或酒精来掩饰焦虑，
以降低抑制力

—— 回避让自己焦虑的人、地点和活动

—— 拒绝尝试自己尚未掌握的事物

—— 隐藏自己的不足或无知，以保护自己的胜
任感

在审视完美主义行为时，我们还必须考虑到，每当我
们犯错或没有达到预期时，我们头脑中的行为是这样的：
评判和批评自己。正如以上所列的外显行为，自我贬低是
对不舒服情绪的一种反应。我们认为被羞辱会激励我们更
加努力，可以避免未来的失败。虽然这种激励策略可能会
带来一些短期成功，但一定会让我们精疲力竭。

所有完美主义行为都是我们边缘系统的反应，因此，驱动它们的都是负面情绪。要想减少焦虑，让自我感觉更好，我们需要停止听从大脑最原始部分的命令。我们需要停止用"猴子思维"来思考问题，让它知道谁才是老大。

第五章

打破循环

CHAPTER 5

在我五年级作文发表近半个世纪后，我和其他九位参赛者站在走廊里候场，等待轮到我向四百名演讲会同伴发表七分钟原创演讲。我感到耳朵里血脉偾张，四肢颤抖，掌心全是汗，胸口好像要炸开一样。血管里流淌的肾上腺素和皮质醇告诉我要逃离险境，我试图去做的事情可能会致命。

然而，我能掌控自己。这正是我计划和练习的成果。我预料到自己会心生恐惧。我提醒自己，在这种情况下，这些感觉是正常的。它们并不意味着出了什么问题。我向这些感觉敞开心扉，甚至对怦怦跳的心脏和汗津津的腋窝表示欢迎。我念念不忘，我的目标不是给人留下深刻印象或赢得比赛，而是与他人分享我的所思所感。如果我有所失误，或者以任何方式让自己难堪，那就意味着我冒了险。愿意承担这个风险就是我对获胜的定义。

随着时间一分一秒地过去，离我上场的那一刻越来越近，我感觉到的不再是恐惧，而更多的是另外一种情绪：兴奋。经过一面镜子时，我看到自己面露微笑。当我踏上舞台的瞬间，站在聚光灯下，望着台下一张张充满期待的面孔，我没有退缩，也没有想消失，反而变得更加强大，仿佛容得下心中所有的恐惧以及全场所有的期待。在发表演讲的过程中，我身上的恐惧感悄然缓解，胜利的喜悦感油然而生。通过向观众传递的每一句话和每一个手势，我在这场比赛中击败了我最强大的对手——我的"猴子思维"。

讲这个故事并不是为了说明我是一个多么出色的演讲者。我没有赢得比赛，甚至连名次都与我无缘。我之所以分享这段经历，是因为它展示了打破完美主义循环所必需的三项基本技巧。跟着本书同步练习时，你将运用这些技巧。

其一，认识到自己的"猴子思维"，即狭隘的生存议程和不切实际的期望，进而引导自己，向着反映自己价值观的更开阔的思维模式转变。这种技巧与我们都曾尝试过的肯定法类似，只不过并非在舒适安全的"泡泡模式"下进行练习。本书中的练习提供了现实世界中的经验。你将尝试的，不是发誓或承诺自己要坚持新的拓展性思维，而是将新的拓展性思维模式加以践行并不断回归。例如，在演讲的那天早上，我反复提醒自己，在这种情况下，我的恐惧是正常的，只要我愿意面对大家的评判，我就已经赢得了当天最重要的比赛。

其二，用能反映更高个人价值观的行为取代完美主义行为。你将在日常的普通情况下完成这些练习（别担心，我不会让你上台比赛的）。每一种新行为都会创造一种新体验，让你尝到摆脱完美主义的滋味。这是无可替代的。在开始体验之前，我们无法相信自己已经足够好。

其三，学会用身体承受负面情绪，如尴尬、羞愧和对失败的恐惧。为了帮助你实现这一目标，这些练习将在相对安全、风险较低的情况下进行，这些情况会引发可控的焦虑。你会知道，焦虑只是"猴子思维"的聒噪不休，而不是你处于危险中的可靠信号，你会做好心理准备，以免被情绪冲昏头脑。你会亲身体会到，你越善于忍受不舒服的情绪，它们就会越快消失，为兴奋、激情甚至喜悦腾出空间。你会变得善于处理糟糕的情绪。

听起来令人畏惧吗？这是可以理解的。我们大多数人一生中都在竭尽全力避免负面情绪。在如何忍受负面情绪的问题上，大多数治疗师和自助书籍也让我们失望。没有人愿意谈论接受任何形式的痛苦，一想到这个大家就会感到痛苦。

在我多年的治疗师生涯中，我听到过很多来访者说："我的情绪太强烈了。它们会压垮我，我不能任其发生。"这种说法很自然，我自己过去也这么说过。的确，当我们被焦虑、羞愧、恐惧和其他破坏性情绪突然袭击时，接受它们几乎是不可能的。这就像接受你在淋浴时还没来得及冲洗就没热水了，或者是接受你在堵车时被别的车强行加塞。但是，当我们认识到边缘系统只是尽其本能，并预期我们会有不舒服的情绪，我们就会减弱"猴子思维"。我们可以明智地应对，而不是在惊讶中做出反应。

第六章

"欢迎" 呼吸法

CHAPTER 6

你是否有此经历？刚把脚趾浸入泳池，就因寒冷而瞬间回撤？因水冷而退缩是一种条件反射，是我们的边缘系统提醒我们潜在危险的"非战即逃"警报的自然反应。如果我们认为在水中嬉戏的乐趣值得忍受一些不适，把脚趾重又放进水中，就会面临一个严峻的事实：我们适应冷水的同时，必须适应边缘系统发出的"非战即逃"警报。边缘系统专注于我们的安全，哪怕是周围温度略有下降，也会引起我们的警觉。"呜——呜——呜！不对劲！""猴子思维"不断示警。

握紧拳头，蜷缩肩膀，屏住呼吸，一步步踏进水中。我们弓腰曲背，试图阻挡所有感觉，却没有意识到，自己正在向一直关注着我们的"猴子思维"传递信息。这个信息就是："我不应该有这种感觉！出问题了，我应付不来。继续拉响警报！"

这一环节的每项练习都像是在冰冷的泳池中游泳。你事先就知道,"猴子思维"会发出"呜——呜——呜!"的警报,而你不会喜欢这种感觉。你会想要爬出水面,沐浴在阳光下。你现在已经开始明白,这种行为支撑着你的完美主义。要重新找回你失去的价值观,以泳池比喻就是在水中嬉戏的快乐,你必须适应"非战即逃"的情绪,让它们有足够长的时间自行新陈代谢。否则,正如你可能已经发现的那样,它们会在一个又一个情境中不断回归。

为了让"非战即逃"情绪高效而快速地在我们体内流动,我们必须反直觉地拥抱它们,为它们留出自我发挥的空间。我们通过呼吸将注意力集中到身体内部,从而创造并维持这种空间。每一次吸气,我们都把感觉请进来。每一次呼气,我们都放下对它们的控制,让它们自行新陈代谢。因为我们是在整合我们的情绪,而不是试图压制或中和它们,所以我称这种强有力的工具为"欢迎"呼吸法。

为了帮助你掌握自己的"欢迎"呼吸法,不妨试试这个小实验。

　　　　花点时间回忆一下你过去的错误或失败。这段记忆给你什么感觉?是在某个特定部位还是遍布全身?一旦你尽可能地找出并定位了这种感觉,握紧双拳，收紧腹部，两肩向前缩。保持这个姿势和记忆，尽量减少呼吸，从 1 数到 30。

数到 30 后，放松并坐直。你感觉舒适吗？用 1~10 来评价你身体的感觉，1 表示"非常差"，10 表示"非常好"。

现在做同样的练习。张开双手，掌心朝上放于目之所及的位置。抬头，并拢肩胛骨，将你的意识集中在身体内部，缓慢地深呼吸，感受气息在胸腹中的每一次进出。继续以这种方式呼吸，同时重新想象你的失败或错误，从 1 数到 30。

这次你感觉舒适吗？用 1~10 来再次评价你的身体感觉。

在练习的前半部分，收缩身体和呼吸，试图用夸张的方式压抑情绪，这是极端的做法。然而，我们每天都会或多或少地这样做，以至于我们对此不加质疑。虽然这会给我们带来一些控制感，但这种控制充其量只是短暂的，因为它向我们的边缘系统发出了错误的信息。我们对感觉的抵制证实了，我们不应该有这种感觉，无论是什么引发了这种感觉，都是有问题的，都暗含着我们无法应对的威胁。

这就助长了"猴子思维"，帮助它训练在当下和未来类似情况下传递更多"非战即逃"的情绪。

相反，当我们有意识地欢迎不舒服的感觉时，我们就是在告诉"猴子思维"，我们可以处理这些感觉，引起这些感觉的想法或情况并不构成威胁，也没有必要再惊慌失措。当我们的身心被"猴子思维"挟持时，"欢迎"呼吸法是让身心恢复的最有效的方式。缓慢、深沉、有意识地呼吸，可以舒缓边缘系统，让它安静下来。这是一个美丽的悖论，当下愿意欢迎不适，将来就会减少不适。

第七章

如何进行练习

CHAPTER 7

练习共计三十项，用时大约一个月，你可按任意顺序进行，可以随意跳过，也可以重复练习。每项练习都为个性化调整留有足够空间，你可以根据自身需求灵活应用。如果觉得某项练习太难，你只需将其调整到你能承受的程度，或者暂时跳过，稍后再来试试。如果某项练习貌似过于简单，我建议你还是做一做。你可能会对不期而遇的挑战感到惊讶。无论如何，练习越多，受益越多。

请记住，完美主义思维模式会影响我们的每一个想法和行动，甚至包括今天上班穿什么鞋。这意味着，你进行的任何练习都将创造出一种新的体验，助你逐渐削弱"猴子思维"。

在你开始练习之前，我先来解读一下章节构成和图标含义。每项练习都以导读开篇，或一则简短轶事，或一幅插画，或二者兼有，附加需要你思考的问题。如有可能，在练习前一天你可以先浏览导读内容，让自己有时间热身，以便迎接挑战。

每项练习的开头都有一个👐图标和一段简要描述，告诉你要做什么，然后是系列图标。我将练习指南分解如下：

🐵 简要阐述与这项练习有关的特定"猴子思维"

〰 将要培养的拓展性思维模式和通过这项练习

　　失而复得的价值观

🔥 将要接纳并允许其自行代谢的负面情绪

☆ 练习后回顾有助于鼓励自己和自我关怀

当我与来访者合作时，我会像健身房的私人教练那样指导他们完成这些练习。在这里，我不能成为你的私人教练，你可以运用一些在线工具来帮助你指导自己，来加深你的学习体验。

书中也没有私人教练的加油喝彩："你真棒！继续努力！"但幸运的是，表扬并不一定非得来自别人才有效。你可以拍拍自己的肩背，深呼吸，或者对自己说"做得不错"。我还推荐一种叫作"动觉强化"的表扬方式，即用肢体动作来强化你的新行为。这个动作可以由你任选，例如把一枚硬币从一个口袋转移到另一个口袋。我个人最喜欢

的动觉强化是用一个简单配件来完成的，我称之为"自我
关怀手环"：在某个抽屉里放有橡皮筋，从中找出一根漂亮
的大橡皮筋（弹力珠串或类似之物更佳），套在手腕上。每
当你改变完美主义行为、接纳负面情绪或重新调整思维模
式时，就把橡皮筋从一只手腕移到另一只手腕上。

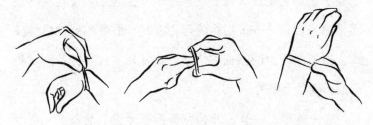

　　这个简单的仪式会对你的练习起到动觉强化的作用，
提醒你所做的事情是困难的，你应该得到关怀。这也是一
种表扬自己的方式——表扬自己冒了风险，表扬自己接纳
而不是抗拒了负面情绪。一旦你领会到你想要用自我关怀
来强化哪些行为和思维模式，你就会在一天之中找到很多
机会来使用你的"自我关怀手环"。有些时候，我在同一天
内会左右互换十几次。

日有所练

我希望你能坚持练习三十天，但我对你的设想远不止于此。从正视自己的完美主义开始，我知道我的旅程永远不会结束。我越是努力克服自己的完美主义思维模式，就越能意识到它是多么微妙地根植于心。这意味着我从不缺乏机会来尝试——采用新的行为方式、锻炼拓展性思维模式、接纳所产生的感觉和情绪。我发现，这三种技能对我们的影响是无限的。

想一想吧。一旦你开始发掘你所珍视的品质——自发性、创造性、真实性和自我关怀，你有什么理由停止继续做呢？我鼓励你把这三十项练习看作来年每个月的模板。每一天都是一个练习技能的全新机会，这些技能将让你得到生活中你想要的快乐。事实上，每天不仅是一个机会，更是一项义务。你不会只去健身房锻炼一个月就指望永远保持身材吧？日有所练才能日有所进。我们需要每天付出汗水！

当你笃实地完成练习后，你会发现自己正在改变。在生活中的变化将是显而易见的。你会比以前更好地照顾自己。你将有能力更迅速、更坚定地做出决定，因为你知道你的选择不必也不可能完美。你会发现自己愿意在工作和社交生活中承受更大的风险，从而产生更多的创造力、自信心和自发性——当你陷入完美主义时，所有这些价值观都会丧失殆尽。

当所冒风险未能让你得偿所愿，或者你犯错失误，你会对自己更加宽容，会把这些经历视为学习的机会，而不是为此感到羞愧。如果你确实因为所做的任何事情而受到批评或拒绝，得益于"欢迎"呼吸法和拓展性思维模式，你会比以往任何时候都更有韧性。毕竟，一旦你敢于直面自己最大的批评者——被完美主义挟持的自我，其他人也就更容易应对了。

当然，你对"猴子思维"滋养得越少，你的边缘系统就会调节得越好——不再那么专注于"非战即逃"，而会更愿意帮助自己"休息和消化"。这意味着更多的平静、更多的活在当下、更多的内在快乐。那么，让我们开始吧，好吗？切记，唯一糟糕的练习就是没有发生的练习。

练习

PRACTICE

　　我的客户约翰娜感到既兴奋又不安，她已经有一年多没有去看望过她的母亲了。"我俩闹翻了！"约翰娜坦言相告。她随即向我展开了描述：她的母亲如何强势霸道和固执己见，如何将与自己截然相反的政治观点强加给她，招惹她陷入无休止的争论。当母亲开始批评她对两个十几岁孩子的教育方式时，约翰娜实在是受够了，于是不再与母亲交流。母亲也同样如此。

　　可现在约翰娜感觉不同了。她的新目标是治愈这种关系。在即将到来的探访中，她希望保持一颗开放和慈悲的心。她问我："你能帮助我实现这个目标吗？"当我告诉她不能时，她很震惊。

　　约翰娜的目标虽然很高尚，但不现实。这是一个完美主义者的期望，她没有认识到，当我们在做一些新的具有挑战性的事情时，难免会出现人为错误。面对母亲的评判和攻击，她要保持心胸开阔，这就好比在飓风中保持前门大敌一样。当约翰娜自己需要同情的时候，同情母亲对她来说是很困难的。

我告诉约翰娜，我可以帮助她对自己建立一个更现实的期望。虽然有点失望，但她还是同意了。我们知道，她难免会被母亲的一些言行触发紧张情绪，因此我们决定，与其期待她"超越自我"，不如让她使用一种策略来缓解紧张情绪。例如，当她感到自己在生气时，她可以去卫生间往脸上泼泼冷水，或者用幽默的方式来回应。她的总体目标是尽可能地敞开心扉，但并不期望心扉一直保持敞开。每天结束时，她可以评估自己是否达到了现实的目标，如果达到了，就表扬自己。

约翰娜实现了这次探访的现实目标，虽然她与母亲的关系仍然很紧张，但也有一些充满亲情和理解的时刻，她们都对此表示认可和赞赏。约翰娜已经在计划下一次探访，并且也在考虑下一次探访的现实目标。

如果带着她那不切实际的完美主义目标去探访，约翰娜一定会失败。回到家后，她会更加怨恨母亲，因为母亲让她无法拥有一颗开放和慈悲的心。她也会为自己没能更有爱心而生气。只有设定切合实际的期望，我们才能对他人和自己产生同情心。

你对自己的期望合理吗？下面的基本练习将帮助你设定目标。无论你在做什么，也无论你做得有多不完美，这些目标都能提升你的体验，增加你的满意度。

1. 设定合理目标

　　想一想你为今天计划的任务或活动。在开始之前，确定你对如何完成计划有哪些不切实际的期望，用现实的目标取而代之，然后，对照现实的目标来评估自己的表现。无论你今天计划做什么，写报告也好，冥想也好，与人交谈也好，烹饪也好，带娃也好，你都可能会无意识地期望自己驾轻就熟，不出差错，不遭遇挫折。本练习将帮助你考虑到人类的易错性和不可预知的情况，以一种全新的方式去体验任务或活动。

　　"如果我做到极致，就没有人可以批评我。"——这种想法来源于"猴子思维"。在这种思维模式的主导下：我们的报告必须具有改变游戏规则的影响力，不能有拼写和语法错误；我们的冥想应该是充满喜悦的，不受任何杂念干扰；我们在交谈中必须睿智风趣、自如自信；我们烹饪的菜肴应该赢得一致赞美；我们对孩子和父母都必须始终保持同理心、耐心和爱心。诸如此类的期望把我们的日常活动变成了一场无休止的试演。如果我们稍有懈怠，哪怕只有一分钟，我们就会臆想自己将失去动力，开始甘于平庸。

但是，如果我们总是达不到自己的期望，用羞愧来惩罚自己，我们就很难从我们所做的事情中获得满足感。难怪有那么多完美主义者自尊心不足、焦虑不安、压力重重，觉得自己是生活中的冒名顶替者。

❊ 我们可能会把完美表现与人生赢家联系在一起，然而，每一本传记都记载着，通往卓越成就的道路上充满了坎坷、陷阱和学习障碍。历史上没有谁在这一旅程中不磕磕绊绊、不栽跟头、不走弯路。为了更好地实现生活中的目标，我们需要采用切合这一实际的思维模式："现实的目标将帮助我在生活中有所成就。"我们不会害怕尝试新事物。当我们不可避免地犯错时，我们将有决心继续前进。与其惩罚自己，不如对勇于尝试新事物的自己予以应有的鼓励。

如果你长期以来对自己的表现抱有不切实际的期望，那么就很难产生现实的期望。基本原则是降低期望值。写报告时，只期望自己表达清晰，没有粗心大意的错误；冥想时，预料到会有干扰性想法出现，当你有所觉知时，将注意力回到呼吸上；交谈时，时不时地进行眼神交流，多倾听，讲真话；烹饪时，以可食用为目标。

❈ 为自己设定一个现实的目标会带来一些来自边缘系统的阻力。你可能会产生怀疑和焦虑的情绪，担心降低标准会付出被他人评判的代价。由于错误在所难免，你可能会在某些时候感到羞愧。所有这些情绪都是"猴子思维"发出的正常且可预见的警报，表明出了问题，提醒你并不安全。不要被它"挟持"。运用"欢迎"呼吸法，提醒自己保持"拓展性思维模式"。你所追求的是无条件的自我接纳，它是个人成长和取得巨大成就的基础。为了提醒你自己，将"自我关怀手环"从一只手腕移到另一只手腕，然后把手放在心口。

☆ 在做本书中的每项练习时，评估你在多大程度上达到了练习目标是至关重要的，所以不要跳过这一步。你是否不断提醒自己要设定现实的目标？还是又陷入了不切实际的期望中？你对出现的情绪表示接纳还是试图抗拒？每次达到目标都要奖励自己一颗星。如果你的新方法以搞砸告终或你没有乐在其中，那也好。你要为有此体验再奖励自己一颗星。

就像改变远洋客轮的航向需要多次转动舵盘一样，你也需要多次重复这项练习才会相信，放弃对生活中的任务和活动的不切实际的期望是安全的。从现在起，把你所做的每一件事都看成一个设定合理目标的机会。每当你掌舵时，你都在修正自己的航向，采用一种能减少压力、增进学习、获得更大满足感的行为方式。

你讨厌工作尚未完成吗？如果一项任务没有完成，你是否很难停止工作？明天，你就会发现适可而止的好处。

2. 为任务计时

 今天的待办事项都有时间限制。你的目标是，时间一到，无论任务是否完成，你都要停止工作。例如，如果你在回复电子邮件方面落后于预期，与其紧赶慢赶急于求成，不如为这项任务规定一个时间段（例如一刻钟）并设置好计时器。时间一到，即使还有邮件没来得及回复，你也会就此停止。为了帮助你记住这个意图，你可以先列出待办事项清单，然后写下每项任务预计花费多长时间。你要吝啬分配你的时间，没有充裕时间来完成每项任务会为你带来最好的练习。记住，你可以改天再来完成这些任务。如果你碰巧在计时器响起之前完成了任务，那也没关系，只不过你不会得到任何真正的锻炼。

虽然你可以在工作场所尝试这项练习，但最好还是在休息日进行，那时你可能有一些家务琐事要处理。可以是浇花或付账单之类的小活计，也可以是清理车库或为会议准备演示文稿这样的大任务，这些都可为你练习所用。

🐵 松鼠不会在十月午后因贪图安逸而停止采集坚果。
它的生存与否取决于是否有足够的食物来度过严冬。
作为完美主义者，我们也有同样的冲动。我们不停地
打扫车库，直到车库井井有条；不停地回复邮件，直
到收件箱空空如也；不停地研究问题，直至找到所寻
答案，似乎我们的生存就取决于此。我们正随着"猴
子思维"的丛林节拍而起舞："一旦开始就必须完成，
否则我就是自甘懒惰，也容易受到威胁！"如此行事，
不仅会助长"猴子思维"，而且会损害工作效率。我们
认为无法一次性完成的任务会被搁置；那些因为我们
把自己逼得太紧而完成的任务，则会让我们身心被耗
竭，导致我们没有精力去顾及其他需要做的事情。

〰 这项练习迫使你专注于完成任务的过程，而不是
完成任务的结果。在这样做的过程中，你可以找到自
己的心流，让好奇心和灵感显露出来。当我们不驱使
自己去完成任务时，我们就可以在轻松的状态下工作，
并且在必要时休息。你的拓展性思维模式将告诉你：

"完成不了也可以开始，我的生存并没有受到威胁！"

✺ 当计时器响起而你还没有完成任务时，你会感到烦躁："再等两分钟，我就可以把这件事从清单上划掉了！"你也可能会对未完成任务的后果感到焦虑："如果我不回这些邮件，对方会认为我忽视了他们！"你的边缘系统正在发出信号，表明你受到了威胁，正如你所预料的那样。你要欢迎这些虚假警报。无论发生什么，你都要能应对自如。这就是打破完美主义焦虑循环的方法。

☆ 我们习惯于在任务完成后感到如释重负，而你今天会错过这种感觉。你要格外注意奖励自己正在做的事情：计时器响起时停下来，扩展思维，为负面情绪留出空间。移动你的"自我关怀手环"，拍拍自己的肩背，告诉自己："做得不错！"

泰勒是我们当地市政游泳池的救生员，她每天凌晨四点半就起床，以便在游泳者到来之前打开大门，准备好游泳设施。十二月的某天清晨，天寒地冻，她在卷起巨大的泳池盖时不慎滑倒，掉进了水里。她浑身湿透，瑟瑟发抖，却毫无怨言地陪大家进行游泳训练。

一次去游泳时，我给泰勒带了一些饼干，以表达谢意。很难想象这种善意举动有什么可批评的，但我那完美主义的"猴子思维"让我忍不住往坏处想。当我把饼干给泰勒时，脱口而出的话语是这样的：

"我不太擅长烘焙，可能烤过头了。"

"我不知道你会不会喜欢，饼干是纯素的。"

"我前几天做的，或许不够新鲜。"

泰勒对我的说辞连连摇头，粲然向我道谢。出乎意料的是，一周后她还向我请教烘焙食谱。

取悦你内心的批评者很难吗？在明天的练习中，你将学会当你得不到满足时该怎么办。

3. 应对批评

今天，你将与你最大的批评者——你脑海中的声音进行一次想象对话。由于我们完美主义者是自己最糟糕的批评者，我们可以在交流中轻松地扮演双重角色。这场辩论的主题可以是你过去做过的一些事情，这些事情曾引起你真实或想象中的批评，也可以是你因为害怕被批评而不敢做的事情。尽管你可以完全在脑海中完成这项练习，但若能把对话写下来，效果会更好。你可以按照以下步骤进行练习。

1. 写下你所做或可能做的会成为批评对象的事情。

2. 想象一下别人最差、最严重会怎么想你或怎么说你。你可以扮演自己的批评者，也可以模拟日常生活中某位可能批评你的人。（举例而言，如果我不知道某种精神疾病如何诊断而去向同事请教，那么我可能会想象他们这么说或这么想："你对这种诊断一无所知，你不可能是一位出色的临床医生！"）

3. 针对批评，想好如何坚定而自信地回应。你不需要让批评者相信他们错了，也不需要采取防御或攻击的态度。你只需要站出来为自己说话。（以我为例，我可以说："虽然我确实不了解这一特殊诊断，但优秀的临床医生会从未知中寻找答案。"）

4. 接下来想象一下，针对你的坚定而自信的回应，批评者可能会说什么或想什么，然后你再次站出来为自己说话。重复这样的交流，直到你想不出任何批评意见为止。

因为我们不可能一直得到外界的认可，所以受到批评就成了生活中不可避免的一部分。然而，作为完美主义者，我们会把批评视为我们在某些方面失败的证据，我们会尽一切努力来预防批评。即使批评只是想象出来的，我们也难免这样做。这种想法是我们被挟持的明确迹象。"猴子思维"如此关注他人可能的评判和拒绝，以至于宛如一个读心者，把任何可能的批评都想象出来，并以此来编辑我们的行为。依"猴子思维"所见："只要无可指摘，我就安全无虞。"

为了实现自己的目标和价值观，你需要能够应对偶尔的批评。自我肯定的技巧会对你有所帮助。通过练习，每当面对他人的负面评价，无论是真实的还是想象的，你都会变得更有韧性。当批评并无偏颇时，你也会对自己予以更多自我关怀；你甚至可以学会欢迎批评，以便从错误中吸取教训。最终，你会发展出应对技巧，致使你有足够的自信甘冒越来越大的风险，而不管别人会怎么想或怎么说。你要培养的拓展性思维模式是："受到批评并不代表我做错了什么。当我的行为符合我的价值观时，我就能应对自如。"随着时间的推移，这将成为你的默认思维方式。

※ 想象中的别人对我们的负面评价，大多是我们对自己的负面评价的投射。但意识到这一点并不会让我们更容易忽视它们。任何批评，无论是真实的还是想象的，都会带来愤怒、内疚和羞愧。在练习过程中感受到这些情绪是意料之中的，它们是边缘系统提供的神经化学"鸡尾酒"，不受你控制。你的最佳反应就是欢迎它们，容许它们在你的系统中发挥作用。当你这样做的时候，你就在对"猴子思维"加以训练，让其明白你可以应对批评和随之而来的情绪。

☆ 　这项练习的目的在于，意识到自己会习惯性地进行自我批评，尝试着通过心灵对话来应对。每当你想象批评者的声音时，就移动你的"自我关怀手环"。每当你站出来为自己说话时，就再移动一次。你要表扬自己追求的是更高的价值，比如诚实、开放、真实和勇气，要为自己使用练习单而加分。

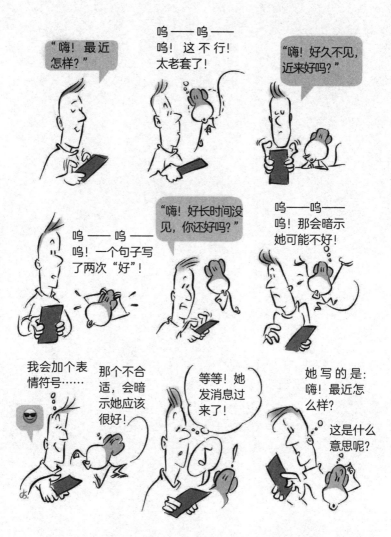

　　你是否经常对短信、邮件和社交媒体帖子反复斟酌审阅，以确保没有拼写或其他错误？当你按下发送键时，你是否会焦虑不安，生怕有所疏漏，让自己看起来像个傻瓜？明天，你将练习犯错，以此来拥抱自己。这是培养真正自信的唯一途径。

4. 信息传递错误

今天，你要在电子邮件、短信或社交媒体帖子的发送过程中故意犯错。你可以拼错单词、犯语法错误、发错照片，或者使用不符合语境的表情符号。选择一个低风险但仍然会让你焦虑的情况，比如与朋友或同事而不是你的老板交流一些相对不重要的事情。

"猴子思维"善于对迫在眉睫的生存威胁做出迅速反应，但当涉及在线交流的风险时，它往往会高估我们因拼写或其他错误而受到严厉批评并失去社会地位的可能性。如果我们真的受到批评，它也会低估我们的恢复能力。在大脑边缘系统的操控下，完美主义者的无意识思维模式是："如果我犯了错误，我的价值就会降低。"

如果我们想学会自发地或真实地与他人交往，就必须采取一种拓展性思维模式："社交沟通中难免会犯错，如果我因为犯错而受到严厉批评，我也能应对得来。"通过反复进行这项练习，你会对按错键或忘记添加附件的实际后果有更好的认识。这种观点会帮助你在与他人交流时更加放松，减少对过去错误的反思。通过允许犯错，你将变得更加开放、脆弱、自发和真实，所有这些品质都能促进你与他人的真正联系。

✸ 无论你故意犯下的社交错误是否会招致批评，你都可能会因为对方的反应而感到焦虑、尴尬甚至羞愧。通过呼吸来迎接这些情绪，而不是抵制它们，你就能训练边缘系统在未来减少反应。每当你想到自己的错误并感到不适的时候，移动你的"自我关怀手环"，深呼吸，提醒自己保持拓展性思维模式。当我们为这些感觉留出足够的空间时，它们往往会烟消云散。

☆ 这项练习最重要的一点是学会原谅自己的错误。事实上，如果有人指出你的错误或取笑你，不要为自己辩解，也不要急忙道歉。相反，你可以启动拓展性思维模式来写个回复，比如："哎呀，一时手误了！人非圣贤，孰能无过？可见我终究是个凡人啊！"之后，添加一个心形表情符号，点击发送，再次移动你的"自我关怀手环"。

十一年级时，我写过一篇关于玛丽亚·蒙台梭利（Maria Montessori）的研究论文。她是幼儿教育先驱，我喜欢阅读她的传记和她关于教育理念的著作。我喜欢在几十张索引卡上填写我想写入论文的所有细节。但写论文本身是另一回事。我对自己能否简洁明了地表达自己的观点没有信心，更不用说正确使用语法和拼写了。每次动笔时，我都会紧张。我写出一句，然后划掉，又写出一句，然后又划掉。最后定下来的句子看起来还是不太对。在截稿前一天晚上，我完成了论文。我对自己很失望。第二天早上交作业时，我感到非常尴尬，于是匆忙给老师写了一封道歉信，告诉他我对这篇论文有多么不满意、我多么希望自己能写得出色。

几天后，经老师批改和评分，论文被发回。我读到老师的附加评语："我给你的论文打了 A+。我猜想，如果你不那么在意自己的写作能力，我也会给你的论文同样的分数。今后，我建议你不要再道歉，要相信自己的声音。"

老师的鼓励让我记忆犹新。现在，每当我坐

下来写作，昔日的不安全感就会涌上心头，我期待着它们的到来。感到恐惧和怀疑是我写作锻炼的一部分，把它们排解一空是生活中最令我感到满足的事情之一。写作告一段落后，我在这一天接下来的时间里都会感受到一种精神上内啡肽旺盛的状态。写作让我成为一名更好的临床医生，在工作中更有创造力，头脑更清晰。

你的内心是否有一个批评者，认为你写的东西永远不够好？你是否会推迟写作，直到你感到自信和头脑清晰？这是否导致你无限期地推迟写作？如果是这样，明天的练习就是为你准备的！

5. 自由写作与正确写作

 今天，你要连续写十五分钟，中途不要停下来，也不要编辑或评判你写的东西。你要设定一个计时器，然后开始在纸上动笔或在键盘上动指头，直到计时器叫停。写什么主题并不重要。不过，选择一些你感兴趣的东西，比如爱好、个人项目或人际关系，可能会有帮助。如果什么都想不起来，可以试着写写你做过的一个梦、一段回忆、一件令你高兴或悲伤的事情，或者写作过程本身。如果思路卡住了，就写"我不知道该写什么，我不知道该写什么"，直到有什么东西闪现在你的脑海里，然后顺着这个念头往下写。

彼得·埃尔博（Peter Elbow）于 1973 年提出了"自由写作"的概念，它至今仍是最有效的弱化完美主义的练习方法之一。一旦摆脱正确语法和拼写的负担，也不必刻意表现得聪明或巧妙，人们会惊讶地发现，不在"正确"的束缚下写作，他们竟然如此多产。

🐵 对我们大多数人来说，最初接触写作是在学校，在那里我们的笔迹、拼写、语法和思路的组织都会被评分。我们与生俱来就渴望得到老师和家长的关注和尊重，评分提高了风险，触发了边缘系统的"非战即逃"警报，告诉我们最好正确无误。我们学会了这样思考："如果我写得不好，就意味着我不优秀。"这种"猴子思维"贬低了我们的高层价值观，让我们选择稳妥行事。我们的动力不是自我表达的快乐，而是害怕被评判为失败。难怪我们坐下来写作时会感到不安全。

🔆 在这项练习中，"自由写作"并不意味着要写得很棒。事实上，当我指导来访者自由写作时，我经常鼓励他们不要担心写得不好。我们要激活我们的"猴子思维"，这样我们就能用拓展性思维模式来对抗它："我可以在无条件自我接纳的情况下行动和表达自己。"

这种思维方式会让我们自发地表达自己，敢于冒险，甚至找到创作的源泉。如果我们写的东西引起批评，那也没关系；我们的拓展性思维模式允许犯错。犯错是人类学习和成长的方式，是发挥我们全部潜能的必经之路。

🐒 当然，当你刺激"猴子思维"时，你会得到神经系统的行动召唤。自由写作会带来绩效焦虑。你会觉得自己必须停下来，确保自己写得流畅且正确。你可能会感到迷茫和困惑，根本不知道该写些什么。你可能会觉得事关重大，不能冒险再写一个字。张开双臂欢迎所有这些感觉。它们是写作过程的一部分，你必须让它们自行消解。当它们自行消解时，你可以练习自我关怀。

☆ 切记，不要沉迷于评价你的产出质量或数量。如此练习是为了克服你的"猴子思维"。当你感到焦虑时，给自己点赞，然后继续写作。虽然自由写作确实会让你成为更好的作家，但这并不是你今天的目的所在。

面对般般件件待办事项，你是否感到力不从心和不堪重负？你是否会为未完成的任务感到沮丧？你是否会对已完成的任务感到不满意？你是否习惯性高估自己，认为自己可以在现有时间内完成任务？如果你想放松自己、减轻压力，感觉自己更有价值和更应受到犒劳，那么明天的练习就是为你准备的！

6. 列出不做事项清单

今天，除了列出正常的待办事项清单，你还要列出你打算不做的事项清单。列入"不做"清单的事项必须是你想完成的任务。今天，不做什么比做什么更重要。以下是我列出的清单：

待办事项清单：花一小时写这篇练习；洗衣服；花一小时准备周一的演讲；去健身房锻炼；和朋友们出去吃晚饭。

不做事项清单：打扫房间；买菜；准备一周的午餐；去邮局寄包裹。

有些人可能会以为，如此一来似乎会让我轻松一些，但如果你了解我，你就会知道不做这些事对我来说有多难。

作为完美主义者，我们的自我价值感与我们完成任务的多少密切相关。如果我们没有完成摆在面前的每一项任务，那一定是我们不够努力。如果我们没有履行所有的义务，我们就会受到评判和批评。对"猴子思维"而言，工作不够努力和没有履行义务可能会导致他人的评判甚至是拒绝，因此它会触发警报。当我们的反应是逼迫自己更加努力，或者因为做得不够好而在精神上惩罚自己时，我们就是在助长"猴子思维"——"只有完成所有任务，我才有价值"。这种有条件的自我接纳会让我们不堪重负，永远处于压力循环之中。

🖐 今天的练习将教会你三件重要的事情。第一，你应该因任务有所完成而得到表扬，即使还有更多的事情有待处理。第二，你可以对自己的期望设定明确而合理的限制（你也会因此而表扬自己）。第三，积极的强化比消极的强化更有效（正因为如此，对"做"与"不做"你会同样予以表扬）。通过对自己寄予现实的期望和进行自我照顾，你会得到一种更开阔的思维模式："即使没完成所有任务，我也是有价值的。"

有了这种思维模式，你就能在工作、休息和娱乐之间构建更好的平衡，从而减少力不从心的感觉，减少自我评判。你将在生活中创造更多能量和快乐。通过积极强化，你将培养出自我关怀和无条件自我接纳，这是积极的自我价值感的基本要素。

🎐 今天的练习故意剥夺了你多完成一项任务时的成就感。这很可能会让你产生烦躁、焦虑和不足的感觉。这些情绪是噪声，而不是你受到威胁的信号。通过期待和接受这些感觉，你会向你的"猴子思维"发出这样的信息：即使还有待办事项，你也是安全的。当你应用"欢迎"呼吸法时，"猴子思维"就会平静下来，你就会学会相信，你并不需要完成所有事情才能让自己感觉良好。

☆ 如果对孩子只因未完成之事加以批评，而不因已完成之事予以表扬，我们就会让孩子产生不安情绪和不足之感。今天，让我们学做自己的好家长吧。你将打破一个旧习惯，创建一个新习惯，为此你需要很多鼓励。对于今天之所做和所不做，你都要慷慨地表扬自己。每当你有多做一件事的冲动时，就移动一次你的"自我关怀手环"。如果你决定今天不整理床铺，那么每当你目及或念及于此，你都要因未作此事而拍肩鼓励自己。

在我私人执业的头二十年里，我并没有遵循每次五十分钟的标准时长到点结束，而是允许来访者继续治疗，有时直到最后一分钟。上一位来访者前脚出门，下一位来访者后脚进门，我忙不迭地从上一套笔记切换到下一套笔记，上厕所的间隙就好比消防演习。但我觉得这是我欠来访者的。请来访者准时离开，好让自己放松一下，这似乎是一种自我放纵。我觉得，如果我不多给来访者几分钟时间，而这几分钟有可能让他们获得更深入的了解和治疗，那我就是在亏待他们。

但我亏待了自己。连续工作又缺乏真正的休息，累积的压力让我感到疲惫不堪。我不再那么喜欢我的工作，开始渴望少约来访者。我出现了身心耗竭症状，而这正是完美主义的最大危险信号之一。我一方面在治疗来访者的完美主义病症，另一方面却在塑造自己的完美主义行为。

逐渐地，我留出每小时十分钟时间来休整自己，为自己重新注入活力。我留出五分钟来完成和归档笔记，为紧接其后的治疗做准备。但更重要的是，我把五分钟的空档用于活动身体，比

如开合跳、拉伸运动、阻力带练习，甚至到户外
散散步。更积极地休息让自己完全从工作中解脱
出来，不仅在诊疗时段，而且在家里，我的精力
和注意力都得到了提高。由于我通常在一个工
作日接待五位来访者，我的新休息策略为我的
一天增加了二十五分钟的健身时间。真是意外
收获！

你是否倾向于在你的任务和项目中埋头苦干，直到你身心耗竭时
才停下来？明天的练习将提高你的积极性、创造力、头脑清晰度和决
策能力，还能改善你的健康状况。

7. 重启！重启！重启！

今天，你将在每工作二十五分钟后休息五分钟。无论你是在电脑前工作、打扫房间还是铲雪，无论任务是否完成，你都要每二十五分钟暂停一次。每次休息期间，除了工作本身，你几乎可以选择做任何事情。我建议你活动活动身体，比如做伸展运动、散步或在空荡荡的楼梯间上下走动。如果你更喜欢品茶或冥想，那也很不错。重要的是，定时停止工作，然后重新启动。虽然可以使用手机内置计时器，但我建议你下载任一免费应用程序来帮助你跟踪每个工作时段。我在写作时就依赖其中一款，它向我发出"休息时间到"的信号时，我就会停下来，放点音乐跳跳舞。

于大脑边缘系统而言，我们的生存与长时间辛勤劳作息息相关。对我们的祖先来说，这意味着忙于狩猎采集以及时刻提防掠食者。因此，我们的"猴子思维"对工间休息存有天然偏见。我们有意识地把工间休息与懒惰联系在一起。完美主义者的"猴子思维"是："中途休息是一种非必要的放纵，会影响工作效率。"久坐或久站会严重损害我们的身心健康。与体力活动更活跃的前几代人相比，日益久坐不动的这一代劳动力群体更容易患上心脏病、糖尿病、抑郁症和肥胖症。近期有研究表明，全程无休地工作会导致决策能力下降和注意力不集中。牺牲我们的身心健康并不能提高我们的工作效率。

🐾 中途休息能提高工作效率。只要从办公桌前站起来走动走动，就能改善血液循环、强健肌肉、促进新陈代谢。回到工位后，我们的注意力会更加集中，决策会更加清晰，动力也会焕发出来。我们要培养的拓展性思维模式是："当我经常休息时，我会提升创造力和生产力，也会更健康。"

🐵 我们的边缘系统让我们习惯于不间断地完成任务，当我们决定休息时，它不会同意。要在计时器响起时停下手头之事，这需要真正的自律。在不得不暂停的同时，你会觉得似乎正被他人远远甩在身后。你会为此而感到沮丧。你不免疑惑，中途休息是否会让你无法做到今日事今日毕。计时器可能会让你烦躁，仿佛它在对你颐指气使。所有这些感觉都是意料之中的，也是值得欢迎的。慢慢深呼吸，把手放在心口，意识到你应该重新启动。

☆ 旧的工作习惯很难改变，即使只改变几小时。如果你在八小时工作日里不能成功休息十六次，那也没关系。你可能需要把休息间隔时间调整为一小时，甚至更长。每次成功重启后，多给自己鼓励。用"自我关怀手环"提醒自己这样做的目的：获得更好的健康、更集中的注意力、更多的创造力。

　　你是否有事情打算着手却一直拖延至今？你认为自己之所以拖延是因为懒惰吗？事实并非如此，而是你太想把事情做好，以至于完美的压力让你望而生厌。别担心，明天的练习会帮你解决这个问题。

8. 快速启动不拖延

今天，你要花五分钟时间来开始某项你一直拖延的任务。这项任务可能是乏味的苦差事：比如处理一堆尚未回复的电子邮件、一叠账单或一份季度报告，比如整理你的工作空间或清洁排水沟，比如进行锻炼或冥想练习。与其继续拖延或为之烦恼，不如设置计时五分钟，然后不假思索地开始行动。

计时器一响，马上停下来。就是这样。不管你完成了多少任务，也不管完成得有多不完美。如果你觉得有动力继续，你大可继续。否则，你就开启当天其他日程。无论如何，你都会因为启动任务而获得百分之百的认可。

很有可能你认为自己太忙或太懒而造成拖延，但更有可能的罪魁祸首是你的完美主义。对于"猴子思维"来说，凡事做得不够完美，就容易招致来自自己和他人的批评。例如：体育锻炼必须优雅而有毅力，否则我们就应该乖乖窝在沙发上；冥想时不能坐立不安并且至少要持续三十分钟，否则我们就是装模作样；电子邮件必须体现良好的语法、智慧和幽默，否则我们就是愚笨。既然有始无终难免引来批评，那我们就永远都不应该开始我们无法完成的事情。"猴子思维"是："与其不尽完美，不如根本不做。"

※ 在这项练习中，你要采取的拓展性思维方式是："五分钟的行动胜过五分钟的逃避。"当你行动起来而不是无所事事时，灵感更容易迸发。通过行动，即使并非心中所喜，你也会向"猴子思维"发出一个明确的信息：恕不助长！今天，你要培养属于自己的价值观：灵活性、创造力、承诺、耐心和勇气。

※ 我们勉为其难地开始一项任务时，可能会产生种种情绪。如果存在学习障碍或者有一定难度，你可能会感到焦虑甚至恐惧。如果不能让你身心投入，你就会顿觉厌倦。如果任务艰巨耗时长，你可能会感到力不从心。你甚至会反感一开始就做这项任务，或者觉得为自己设置计时器非常愚蠢。当然，你也可能会问

自己："如果我现在只花五分钟做这件事，那我什么时候才能彻底完成？"这又可能引发更多的焦虑。这些感觉都是我们边缘系统的自然功能。与其试图逃避任务来抵制这些感觉，不如调整呼吸来欢迎这些感觉，主动拥抱任务几分钟。

☆ 你很想给自己打分，看自己在五分钟内做了多少，或者做得有多好，但这项练习的目的只是让你快速启动。今天不需要事后评价或质量控制。你应该因为迎接了自己所产生的情绪和培养了拓展性思维模式而奖励自己。如果你觉得自己受到了鼓舞，可以更深入地完成任务，那就给自己加分吧。

几年前，我的儿子在西雅图的一家初创公司找到了一份研发工程师的工作。这是他梦寐以求的工作，这份工作在他梦寐以求的城市。初入职一周后，他与我联系，听起来一反常态，对自己很不自信。他告诉我，每个人都很聪明，一切都是全新的，开会时往往跟不上，提问题又感觉自己显得很愚蠢。他怀疑自己能否胜任这个职位。

这显然是冒名顶替综合征[①]的一种表现。好问则裕，反之，我们就无法学到足够的知识，从而不能适应新的环境。要想在工作中得心应手，他就必须坦然于感觉自己很愚蠢。于是，我们约定，每次去杂货店，他都要向店员提个问题。第一个月结束时，他已经知道了香菜和欧芹、甜洋葱和黄洋葱、罗马生菜和绿叶生菜的区别。我很高兴，他不仅能直面自己的恐惧心理，而且还购买了农产品。

---

① 即感觉自己像一个冒名顶替者，这意味着你认为自己并非如他人所想的那样有能力。详见阿西娜·达尼洛著、赵倩译《原来我值得：冒名顶替综合征疗愈手册》，中国科学技术出版社，2024.7。——编者注

这一经历让他明白，多问无妨，即使是看似愚蠢的问题，也可以提出来。没过多久，他就开始向同事们请教有关手头项目的问题。他惊讶地发现，他的问题往往没人知晓答案，需要公开讨论才能解决。有勇气看起来愚笨，结果却是明智之举。这让他成为团队中更有价值的一员。

你是否不情愿让别人知道你不知道？你会不会宁可在自己找到答案之前一直装下去，也不肯去提一个显得"愚蠢"的问题？下一项练习将帮助你建立必要的自信，承认自己并非无所不知。

9. 提出愚蠢问题

今天，你要向别人提出一个你已经知道或自认为应该知道答案的问题：问杂货店店员是否有低脂牛奶；站在咖啡店的街对面，问路人最近的咖啡店在哪里；问同事阿尔茨海默病（alzheimer's disease）如何发音；问雪和冰雹有什么区别。根据所问内容和所问对象的不同，这项练习会让你产生不同程度的焦虑，所以要选择一个你觉得自己可以应付的情况。如果你没有得到足够的锻炼，你可以随时跟进一个更"愚蠢"的问题。

智力通常与知识联系在一起——所知越多，我们就越聪明，对吗？但两者并不相同。知识是信息的积累，智力则是我们应用信息的能力。边缘系统无法区分这种差异，当我们遇到未知事物时，"猴子思维"就会被激活："如果我不知道什么，那我就是愚蠢的。"我们认为自己必须显得知识渊博，否则就会失去他人的尊重。当我们害怕暴露自己不知道什么时，获取新信

息就会变得非常困难。这并非一种明智的思考和行为
方式。

※ 对我们不知道的事情坦诚相待，是对我们更开放、
更愿意接受自己的脆弱、更有好奇心的价值观的尊重
与践行。这些价值观会鼓励我们自己学习，并创造更
多与他人联系的机会。一般来说，人们喜欢相互分享
知识，这让我们觉得自己有用，并能促进社区的发展。
通过这项练习，你要培养的拓展性思维模式是："提问
不仅聪明，而且有助于我与他人建立真实的联系。"

※ 当我们提问时，总是难免有人会说一些刻薄话或
嘲笑我们，我们羞愧和尴尬的情绪也就必然会出现。
这项练习会故意激活这些情绪，你需要对它们采取欢
迎的态度。如果你在提问时开始发抖、出汗或脸红，
请张开双手，敞开胸怀，打开心扉，对着这种不适感
深呼吸。如果别人的反应让你觉得有点傻或尴尬，也
要接纳这些感觉。通过这种方式，我们可以建立起我
们所需的韧性和自我关怀，让我们在对周围世界的了
解不够完美的情况下也能茁壮成长。

☆ 如果今天没有人对你的问题嗤之以鼻或白眼相向，你自然会感到如释重负。但要记住，无论结果如何，都要鼓励自己敢于冒险。在这一天中，如果你在任何瞬间回想起所提问题时产生的羞愧感，那么请提醒自己你是多么勇敢，要对自己不吝赞赏，并移动"自我关怀手环"以示鼓励。如果你和某人的交流让你特别痛苦，你可以重温本书此前的"应对批评"练习，为自己加分。

　　你想让自己更放松、在生活中体验更多的愉悦和乐趣吗？对于完美主义者来说，这需要练习。明天的练习将为你提供这方面的帮助。

10. 计划休闲娱乐

🎉 无论今天是周末还是工作日，你的任务就是安排一些娱乐时间。你可以去远足、兜风、外出就餐或参观博物馆。你可以腾出时间来培养之前被忽视的个人爱好，比如园艺、游戏、手工或观鸟。任何休闲活动都可以，阅读、玩耍、听音乐，或者与家人朋友一起出去聚会。无论这一天看起来有多忙，你至少要抽出十五分钟来消遣。

🐵 从"猴子思维"的角度来看，玩耍和娱乐都是危险的，会让我们偏离生存的正道。沉溺于玩乐会分散我们的注意力，使我们无法成事和谋生。一心只想玩，就会成为一个不负责任、贪图享乐的失败者。"猴子思维"是："除非我完成所有工作，否则我不该抽空玩乐。"

🔱 这种想法的问题在于，待到工作结束时，我们已无精力去玩乐。临床证明，游戏对大脑发育、压力管理、创伤恢复和发展健康人际关系至关重要，不仅对儿童如此，对成人同样适用。今天，我们希望拥有的拓展性思维模式是："游戏时间对于保持身心健康不可或缺。"

✳ 听上去很简单，但如果你不习惯这样做，在一天中安排些许娱乐时间可能是一个挑战。你可能会因为不得不中断重要工作而感到烦躁。你可能会觉得玩耍是一种自我放纵和幼稚的行为，已不适合自己的年龄。你可能会担心尚未完成的工作。不要被这些消极情绪所左右，要将其视为成长的烦恼，你正在学习恢复与生俱来的游戏能力。对这些情绪深呼吸，提醒自己启动拓展性思维模式。你不仅有享受乐趣的权利，你还有义务让自己的生活保持平衡。

☆ 如果你今天在玩乐的过程中并未尽兴，请记住这是一项练习，看起来容易做起来难，需要反复实践才能掌握。我们值得被温柔以待。移动你的"自我关怀手环"，为偷得浮生几许闲而对自己拍肩鼓励。

社交焦虑是完美主义的常见症状之一，我的许多来访者都备受其苦，害怕因为自己的外表和行为而受到评判、批评和拒绝。他们通过逃避社交来控制这种焦虑。有位年轻健壮的前足球运动员，在公共场合总感觉浑身不自在，以至于萌生了从大学退学的念头。在我的诊所接受过一两次心理治疗后，他同意尝试一项比绕足球场跑三圈更具挑战性的练习：戴一条粉红花色女式围巾绕商场跑三圈。当我把漂亮围巾围在他脖子上时，我提醒他一定要去美食广场。

"这太疯狂了。我觉得我做不到。"他有些畏惧。但在我的指导和"诱哄"下，他还是勉为其难地出发了。

十分钟后，他回来了，明显地颤抖着，满头大汗。"我敢肯定每个人都在用奇怪的眼神看我。"他显得局促不安。

"太好了，"我说，"这正是我们想要的。记住，你的目标是接受自己，即使别人不接受你。"

当他跑完第二圈回来时，整个人松弛多了。"这次没那么糟糕，"他说，"我甚至不确定大多数人有没有注意到。"

他跑第三圈用了二十分钟。我问他怎么花了这么长时间，他告诉我，他在鞋店停留了一下，试穿了几双运动鞋，其间一直戴着那条花色鲜艳的女式围巾！他说："店员用异样的眼神看我，但那又怎么样呢？那是他的问题，又不是我的问题！"

我为他的勇气与他击掌相庆。对他而言，这可能与曾经在足球场上的艰苦训练一样不容易。

你想无条件地接纳自己吗？你想摆脱来自内心的批评吗？你想少评判多关爱吗？明天的练习将帮助你做到这一点。

11. 尝试奇装异服

_____

今天，穿一些令你尴尬的衣服！还记得小学时的睡衣日或疯狂发型日吗？这些活动不仅有趣，而且与众不同，还相对安全，大家都参与进来。只不过，今天可没人陪你这么做。你可以穿条纹休闲裤搭配波点衬衫、俗气的 T 恤、过时的外套，甚至是一件反穿的衣服。如果衣柜里找不到，可以向伴侣或室友借。只要能让你感到不自在，选择什么着装都无所谓。

如何着装以及如何展示自己很重要。每种文化都自有一套得体着装的习俗。例如，在美国的葬礼上，人们一般都穿黑色服装，如果你披挂一身亮粉色行头出现，就会被认为是粗鲁无礼或麻木不仁。今天的练习并不是让你违背这些习俗，而是想让你故意表现得不完美，以激活过于敏感的"猴子思维"："如果我看起来不完美，人们因此批评我，我的价值就会降低。"错误会使我们不如别人有价值——这种想法会导致过度的压力和焦虑。这可能会表现为在衣着上花费过多的金钱和时间，也可能会阻碍我们去冒险和基于本性去穿着。

﹏ 今天，你要打破强加给自己的规则，践行你更高的价值观。与其让"猴子思维"的价值观决定你的着装，不如率性而为，任意选一顶帽子或一条围巾。你会突发奇想地穿上你丈夫（妻子）的衬衫，或者随心所欲地在夏日里穿上厚毛衣。你要培养的拓展性思维模式是："我的穿着并不决定我的自身价值。如果人们对我评头论足，我也能应对自如。"

▓ 即使选择衣装不是你的压力所在，这项练习也可能会让你感到不舒服。违反任何文化规范都会刺激边缘系统，因此你可能会感到焦虑、尴尬，甚至羞愧。不要试图抗拒感受这些情绪，也不要通过回到更安全的方式来避免它们。相反，用自己的呼吸包容它们，给它们所有想要的空间。你要以此告诉"猴子思维"："我能处理好。"培养对内心感受的承受力，就是培养对外界批评的承受力，让我们以自由地穿着来取悦自己。

☆ 今天，你可能会受到别人的注视或评论。如果是这样，那就太好了！批评越多，你得到的锻炼就越有效。无论别人的反应如何，你都要为自己所冒的风险、所迎接的情绪、所表达的更高价值观对自己不吝赞美。移动你的"自我关怀手环"，告诉自己你是如此勇敢。这就是行动中的自我关怀。

唯一比在发型不好的日子寻找借口更难的事，就是在发型不错的日子接受赞美。

　　赞美会让你感到不自在吗？你是否倾向于将对方的赞美加以修正？明天的练习不仅能让你自我感觉更好，还能让赞美你的人感觉良好。

12. 接受赞美

今天，每当你受到赞美时，请用一句简单的"谢谢"来回应。无论是对你的外表或完成的任务予以的好评，还是对你的孩子、伴侣或宠物予以的夸奖，你都要优雅地接受。不要对所受赞美加以修正。例如，如果有人称赞你家孩子在超市表现良好，不要报然相告："你还没见过他午睡前的样子！那完全是另一回事！"如果同事祝贺你演讲成功，不要轮番宣布你为此得到的所有帮助。今天，每当你听到表扬，哪怕是大错特错的表扬，哪怕你确信自己不配得到如此表扬，也请微笑着回应："谢谢，很高兴听你这么说！"

赞美比批评好得多，为什么接受赞美会成为一个问题？虽然我们希望得到赞美，但被赞美会让我们成为众人瞩目的焦点，使我们受到更严格的审视，于是乎就会多心——当别人看到我们成为聚光灯下的焦点时，他们会怎么看和怎么想我们的弱点？如果赞美过于慷慨，超越了我们自己的成就感和自信心呢？这会提醒我们自身存在的不足，预示着未来对我们有新的更高的期望。如果夸奖我们的人其实是在同情我们，是想给我们友好的鼓励呢？如果我说"谢谢"，岂不是显得自以为是？

要消除这些对我们人身安全的"威胁"，唯一的办法就是让我们得到的每一句赞美都实至名归。换句话说，就是要做到完美。我们的"猴子思维"是："除非我一直很完美，否则被钦佩或被欣赏就是不安全的。"只要陷入对完美的无望追求中，我们就永远无法停下来为自己的所作所为感到高兴，也无法建立健康的自尊感。每当我们对别人的赞美加以修正，我们不仅助长了"猴子思维"，还让赞美我们的人失去了赞美我们的满足感。

∭ 当我们接受赞美时，我们是在滋养自我，而不是助长"猴子思维"。我们的拓展性思维模式是："我值得被钦佩和被欣赏。我本就足够好。"赞美是提醒彼此这一基本事实的重要方式。当我们优雅地接受赞美时，我们不仅建立了自我接纳，培养了对自己的积极情感，也在欣赏赞美者，帮助他们对自己产生积极的感受。这是一种建立联系和归属感的强有力的方式，而这正是我们生存所需要的。

🕷 你可能会惊讶地发现，要克制对赞美加以修正的冲动有多难。如果在一个群体中被赞美，你可能会觉得单独被关注很尴尬。如果你因外表、行为或成果好于以往而得到赞美，你可能会感到压力增大，担心别人从现在起会对你抱有同样期望。或者，你可能会不信任赞美者的动机，从而产生怀疑或怨恨。赞美甚至可能给人以居高临下的意味，唤起羞愧感。今天练习的目的就是让你通过呼吸全身心无条件地欢迎这些感觉。这些感觉是嗷嗷待哺的"猴子思维"触发的虚假警报。

☆ 对我们中许多人来说，对赞美加以修正是一种条件反射。如果这是你的写照，那就对自己宽容些。这种习惯很难改掉，对症良方就是答以"谢谢，很高兴听你这么说"。移动你的"自我关怀手环"三次，一为认识到条件反射，二为戒除习惯，三为提醒自己启动拓展性思维模式。通过一次次接受赞美，你可以对完美主义旧习惯进行重塑。

　　在我生命中的大部分时间里，我以列待办事项清单开启每一天，逐项列出自认为当天需要完成的所有琐事、工作和义务。待办事项清单就像指南针，总是为我指明正确的行动方向。然后，就在几年前，当特别富有成效的某一天结束时，我没有庆祝万事大吉，而是发现自己在向丈夫抱怨：那天不尽如人意，我没有时间午休，没有时间去健身房，也没有时间去跟朋友见面。

　　当晚我便决定，明天不列清单。我知道，这对我来说将是个很好的练习。别的不说，一想到"少了清单"，我就焦虑不安。虽恰逢周六，没有任何与工作相关的义务，但茫然失落之感一大早不请自来，我还是忍不住列了清单。不甘于彻底失败，我赶紧把清单一扔了之。整整一天，我就像盲目驾驶的飞行员。习惯了"照单行事"，乍然间"无单可依"，我几乎不知道自己想做什么。尽管"无依无靠"有些痛苦，然而"无拘无束"也给了我一丝自由。我决定第二天继续尝试，再次把清单丢掉。

　　我整整一年没列清单。我更着重于我想做什

么，而非专注于我该做什么。而且，随着时间的推移，当我忘记某个待办事项时，我更容易原谅自己了。我学会了如何识别自己内心的愿望，这是比任何清单都更好的指南针。

没有清单"导航"，你会不会迷失方向？只有待办事项都完成，你才能有所放松？要感受更多的自由和随性，要获得更多的乐趣，请进行下一项练习。

13. 丢掉清单

今天，不列清单。无论你平时是列全天活动清单，还是只列购物清单，今天统统不列。井然有序的日常习惯会出现空白。试着调谐内在灵感，知晓自己下一步做什么。这项练习适合在周末或休息日进行，因为忘记任务的代价不会对客户或同事造成负面影响。

列清单本身并没有错，但对于完美主义者来说，经常列清单可能会支持一种隐藏的信念体系，使我们失去放松身心和活在当下的能力。如果你在开始当天日程或购物之前不列清单，无意识的假设就会暴露出来："没有清单辅助，我的生活就会崩溃，我就会失去控制，我就会一事无成，我就会经常忘事并让别人失望。""猴子思维"是："如果我没有条理，我就无法放松。"这种以任务为导向的心态不承认灵感、自发性、创造性，也不承认我们需要自我照顾。当我们以这种方式思考时，障碍往往会激怒我们。我们将他人视为

121

帮助我们完成任务的工具，而当他们无法满足我们的
期望时，我们就会失去耐心。当有机会休息、玩耍或
社交时，我们却忙得无暇顾及。

🔱 没有清单可循，我们就更有可能停止强迫性地跳
转到下一个待办事项，从而为新体验打开空间。如果
在完成任务的过程中遇到障碍，我们可以选择灵活变
通，发挥创造力，也许可以稍后再去完成。当别人不
合作时，我们可以耐心地与他们相处。我们更有可能
注意到随性而为的机会，做一些能滋养自己而不是助
长"猴子思维"的事情。我们想要创造的拓展性思维
模式是："当我放开控制时，我的身心就处于一种自然
流动的状态。"

🐒 如果没有"清单"向导告诉你下一步做什么，你
可能会感到困惑、无助和孤独。就像涉足未知领域的
探险家一样，你需要勇气才能坚持到底。这并不意味
着你需要咬紧牙关勇往直前，而是恰恰相反。你需要
扩大你的内部空间，为出现的感觉留出空间，比如担
心自己做得不够好，担心自己忘记了重要的事情，担

心会发生不好的事情。你可能会因为忘了什么而感到后悔或自我怀疑，你甚至会为自己"懒惰"而羞愧。不管是什么情绪，你都要有意识地深呼吸，以自我关怀的态度迎接它。它不会永远持续下去，而你还有一整天的时间。

☆ "猴子思维"会试图欺骗你，让你按照头脑中的清单去做，以弥补书面清单的缺失。记住，这项练习并不是要你在没有书面清单的情况下完成所有事情，而是要你发现，当我们遵循外部议程时，我们会错过内心的愿望。今天你能获得奖励的原因是：①拥抱你的拓展性思维模式；②允许情绪自行代谢而不抗拒它们。保持你平常的工作效率水平是没有奖励的。

没有清单，你很可能无法完成所有事情。五年前，当我开始这样做的时候，我会因为忘记了一些重要的事情而自责。我不得不一遍又一遍地提醒自己，工作效率的下降也是练习的一部分。所以，当你忘记某件事情时，移动你的"自我关怀手环"，奖励自己一颗小星星，祝贺自己今天没列清单。

　　你是否因选择焦虑而难以做出决定？你想变得更加放松、果断和灵活吗？明天的练习将帮助你做到这一点。

14. 抛枚硬币

 今天，在所有存在两种选择的情形下，请抛硬币来决定。在家吃饭还是出去吃饭？穿红鞋还是穿蓝鞋？查阅电子邮件还是看书？今天都要根据硬币的正反面来二选一。做这项练习时，宜保持低风险。不要试图用一枚硬币来规划你的下一个度假目的地。

当我们认为有一个"正确"选择时，不得不二选一就会给我们带来压力。万一我们选择了"错误"呢？此时的"猴子思维"是："如果出去吃饭，我会花太多钱。如果穿红鞋子，我会觉得不好看。如果看书，我会耽搁查邮件。"更糟糕的是，亢奋的边缘系统会质疑我们做出的任何选择。例如，如果在家吃饭，你可能食不中意；如果穿蓝色鞋子，你可能衣着单调；如果查邮件，你可能永远不会读到你想读的书。"猴子思维"是无法取悦的。

当我们被"猴子思维"挟持时，我们会想："我犯不起错误。"这让我们难以做出决定。不仅如此，由于每个选择都有不利的一面，无论做出什么决定，我们都会自怨自艾。

通过抛硬币在两个选项中做出选择，我们会扩展我们的思维模式，允许任何一种结果出现。我们在说："无论我做什么决定都没关系。我可以应对结果。"从做出正确选择的责任中解脱出来，我们可以快速前进，不再拖延，专注于最重要的事情：接受我们的决定并应对结果。抛硬币可能会让你做出通常不会做出的选择，但你会更加自发地行动，承担更多的风险，做事更有创意。充分进行这项练习，你就会意识到，选择什么远没有如何应对选择带来的后果那样重要。

虽然这是一项低风险练习，但如果它带来了不愉快的情绪，也不要感到惊讶。你可能会对抛硬币的随机性感到恼火，对自己是否犯了错误感到焦虑，或者对失去自己没有选择的东西感到惋惜。这些情绪并不表明你做出了错误的选择，而是表明这项练习对你有好处，可以重复进行。深呼吸。欢迎你的任何感受，并提醒自己，唯一的错误就是认为有一个完美的选择。

☆ 通常，在通过抛硬币做出选择之后，你会非常清楚地意识到自己想要的是另一种选择。克制你想反悔的冲动。学会如何面对选择的结果才是你今天的目标。如果结果不好，恭喜你！你将有更多机会练习自我关怀和接纳。移动你的"自我关怀手环"，或者对自己拍肩鼓励。

　　米凯拉接受治疗的目的是减轻生活压力。她从事全职工作，丈夫拉里和两个年幼的孩子需要她照顾。她不堪重负，经常一晚只睡五个小时。我很快就发现，米凯拉所做的家务工作远远超过了她应承担的份额，而这并不是因为拉里不愿意也不能够做得更多，而是她不允许他做得更多。

　　每当拉里主动带娃时，无论是帮助他们做好上学准备，还是辅导他们做功课，或者陪同他们去公园，米凯拉总会在无形中让拉里靠边站，自己直接上手接管。家务活也是如此，做饭也好，打扫卫生也好，拉里的水平都不能尽如她意。米凯拉自称是"控制狂"。

　　为了帮助米凯拉学会如何放手，我们找出了一些会给她带来压力的小任务，她愿意交由别人代劳。经过几周的练习，米凯拉逐渐不再事事亲力亲为，比如做三明治、用吸尘器清扫客厅、哄孩子们睡觉等。之后的一周，她向我描述，有个情况让她倍感压力：八岁儿子的生日聚会即将来临，而她正忙于准备一个工作会议。苦恼再三后，她决定冒个险，让拉里全权负责这个生日聚会的策划和执行。只要一想到拉里要发请柬、准备回礼包、订蛋糕，她就紧张得直冒汗。我告诉她这是个好兆头。

"拉里肯定会搞砸的，"她说，"到时候我们全家都会很尴尬。"针对这种情形，我们想出了一个拓展性思维模式，作为另一个关注点：学会信任和放手比完美的聚会更重要。如果别人对我的家庭做出负面评价，我也会应对。米凯拉同意不给拉里提建议，也不会巧妙地指出他的问题，"即使我不得不用胶带封住自己的嘴！"。

在接下来的治疗中，米凯拉不无自豪地告知："正如我所料，他搞砸了！但我没有试图阻止他！"拉里忘了准备回礼包，他烤的蛋糕看起来就像一个泄了气的气球。但对米凯拉来说，那次聚会非常成功。虽然看着很痛苦，但她没有说一句话，也没有动一根手指头来控制她的丈夫。作为奖励，她没有像往常那样力求做一个完美女主人，而是笃悠悠地抿着葡萄酒，真正尽兴地与客人们欢聚。

"我会习惯的，"她开玩笑说，"我不得不向拉

里承认，尽管这是我见过的最丑的蛋糕，但出奇
地好吃。"

你觉得寻求帮助很困难吗？自己搞定似乎更容易？当别人用错误
的方法做事时，你会恼火吗？你想变得更随和吗？你想减少因事情太
多而产生的压力吗？明天的练习将帮助你做到这一点。

15. 寻求帮助

今天，你将请求别人帮助或委托别人完成一项通常你会亲力亲为的任务。如果有待办事项清单，那就挑一项来求助或请人代劳。如果没有待办事项清单，那就想想你平时应做之事，然后从中选择一项。在工作中，你可以请同事回复客户、制定议程或主持会议。在家里，你可以请家人摆放餐桌、帮忙准备饭菜或去杂货店买东西。如果想加大练习难度，你可以给别人分配一项你觉得自己特别擅长而且只有自己才能做好的任务。

一旦你分配了任务或寻求了帮助，不要给对方任何指导，除非他们明确要求。如果他们没有按照你的方式去做，那很好。当你无法控制结果时，你就能从这项练习中获得最大收益。

作为完美主义者，我们对自己寄予的高期望并不会因为委托别人代己之劳而有所消失。我们的高期望只是转移到了别人身上，致使我们对结果的控制力更弱。听起来像是酿成灾难的配方？对“猴子思维”来说确实如此。如果表现“差强人意”，或者做事未能“恰到好处”，就会给我们带来不好的影响。这可能导致我们会被拒绝，或者在“猴子思维”看来，我们会被踢出部落。如果我们听从边缘系统的提示，试图保持对任务的控制，我们就会养成这样的思维模式：“依靠别人是不安全的，因为我们无法相信他们能做好。”

由于“猴子思维”不能很好地进行风险评估，它不仅低估了别人的能力，还低估了事必躬亲的代价：感到力不从心和压力重重。在别人心目中，我们往往是“控制欲强”的人，我们会在不经意间让他们因为没有按照我们的方式做事而感到难过。而且，当我们不信任别人时，我们就剥夺了他们发展自己的做事方式、感受责任感和获得掌控感的机会。

通过这项练习，你可以尝试信任别人，容许别人按他们的方式做事，从而培养友善关系和社区归属感。由于你的工作量会相应减少，你的不堪重负之感也会随之降低。当你不去纠正别人，当你任由事情以别人的方式进行而不去接管，你将更加灵活和更加宽容。此外，今天最有价值的一大收获是，你意识到，当别人以不同于你的方式做事甚至犯错时，你也可以应对。今天，你正在养成一种新的拓展性思维模式："我可以信任别人按他们的方式做事，我可以相信自己能够承担由此而来的后果。"

※ 这项练习可能会给你带来挑战。不要指望你会对你所托之人产生信任感。你可能会对他们的表现感到焦虑。他们一有困难，你就会感到烦躁甚至愤怒。当然，你还会担心他们不够完美的表现会让你付出代价。这些都是边缘系统的正常警报，并不表明你是一个刻薄的人。如果你调整呼吸来欢迎这些情绪，给它们足够的空间，它们就会在适当的时候自然代谢。

☆ 你会很想纠正别人，指出问题，甚至责怪别人做得不对。如果你发现自己有这样的行为，那么恭喜你。请移动你的"自我关怀手环"。你可以向对方道歉并再次练习放手。如果你能及时发现并克制住自己控制他人表现的冲动，那就太好了！请对自己拍肩鼓励。每当你提醒自己启动新的拓展性思维模式，或者想到你所追求的友善、灵活和自由等更高价值观，你就告诉自己："老板，授权做得不错！"

　　你是否偏于害羞？你是否倾向于等别人先开口而不是自己主动搭讪？你担心自己听起来或表现得愚蠢吗？你想在社交中变得更自信并扩大你的社交圈吗？如果是这样，明天的练习就是为你准备的。

16. 与陌生人交谈

今天,你将在三种不同场合与三个陌生人主动对话。对话无须太长,简单聊几句就好。例如,你可以问问咖啡师"最喜欢喝什么咖啡",也可以问问杂货店收银员"今天过得怎么样?"。如果你出门散步,还可以跟路人聊聊天气。无论你在哪里,出言赞美总是受欢迎的,无论是对别人的服装、发型还是驾驶技术。记得要有眼神交流并面带微笑。如果有什么让你感到焦虑,那很好。这说明你需要练习。即使这些都不会让你感到焦虑,你也要尝试这项练习。友好和外向对你和你接触的人都有好处。

完美主义者认为,要发起一场对话,我们需要说一些有意义或聪明的话。如果对方没有对我们说的话做出积极回应,我们就会认为自己做错了什么。尴尬的沉默是我们的责任。我们的思维模式是:"不要冒险对别人友好,因为他们可能不会以友好回应。"和往常一样，"猴子思维"高估了我们的友好得不到回应的可能性，低估了我们在惹恼或烦扰别人时的恢复能力。

虽然我们的健康和快乐在一定程度上取决于是否被他人接受，但应该承认，"猴子思维"的不切实际的期望并不能确保他人接受我们。其实恰恰相反。如此苛刻地评判自己，如此严格地约束自己，会进一步将我们与他人隔离开来。

※ 要想在群体中茁壮成长，我们必须能够建立新的社会联系，进而为我们带来友谊、恋爱关系和职业机会。这项练习将帮助你树立信心，认识到你无须完美也能与他人建立新的联系。友好、微笑、眼神交流和开始对话就足够了。你的新的拓展性思维模式是："主动对他人友好值得冒险去做，如果他们不回以友好，我也能应对。"

※ 当然，当我们开口说话时，我们不能指望"猴子思维"保持沉默。从其原始视角来看，除非我们能够表现得聪明、风趣和自信，否则我们就不应该开始交谈。我们在陌生人面前不可能做到如此完美，因此，

"猴子思维"会触发"非战即逃"警报。既然你知道今天与陌生人交谈会感到焦虑，那就全身心地予以迎接吧。只要记住，如果你说话时磕磕绊绊或面红耳赤，或者你想不出该说什么来让谈话继续下去，你感到尴尬、羞愧和局促，凡此种种并不表明你做错了什么。这些反应和感觉是你做对事情的证据。你已停止助长"猴子思维"，开始转向自己的价值观——联系、勇气和真实性。

☆　在今天的练习中，如果你的交谈"开场白"效果不错，人们对你热情回应，那很好。如果并非如此，那也一样好。这项练习旨在帮助你建立联系，增强你面对拒绝时的韧性。如果有人没有像你希望的那样回应你，请移动你的"自我关怀手环"，表扬自己敢于冒险。学会爱自己，不管自己的表现如何，也不管别人对你的反应如何，这并不是对独特、真实、不完美的自我建立信心的最佳方法，而是唯一方法。

在我写这本书的时候，正值新冠疫情危机期间，我们夫妻二人就地避疫。一天晚上，为了打发时间，丈夫道格和我决定玩一款棋盘游戏，这是只有在孩子们来访时才会做的事情。我俩决定玩一款基于策略而非运气的图块游戏。在连续四晚输给道格之后，我想起了为什么我俩平常不一起玩游戏。他在战略方面比我技高一筹，败绩让我觉得自己能力不足，而且迁怒于他。当你在可预见的未来必须和某人朝夕相处时，这种感觉可不好。于是我俩把棋盘放回盒子里。

过了一周左右，当我建议再玩一次游戏时，道格感到非常惊喜。他不知道的是，我一直在网上偷偷观看关于制胜策略的视频。那天晚上，我迫不及待地想一显身手。

结果我又输了。但这次我没有沮丧，反而很开心。在采用新的游戏策略时，我无意中对输赢有了新的期待。因为我知道学习新策略需要多尝试，所以我预料到在熟练掌握之前免不了一番努力。我并没有对自己的失利个人化，而是将其看作是学习曲线的一部分。又试了几次后，我赢了

一局。不过，即使我输了，我也发现学习一项新
技能本身就很令人满意，甚至比获胜更有趣。

你想变得更自发和更自信吗？明天的练习会教给你障碍有哪些、你该怎么做。

17. 赢从输中来

选择一款你从未玩过或玩过却从未赢过的游戏，并做好输的准备。如果没有棋盘游戏，你可以在网上找几款，包括传统的棋盘游戏。如果没有对手，你也可以试试单人纸牌游戏。无论玩什么，无论和谁玩，都不要为了赢而玩。你的目标是尝试一种从未使用过的策略。只要你采用新玩法，你就赢了。

为什么我们总是输不起？为什么我们一失利就会自怨自艾，即使是在不涉及金钱或地位的友好的棋盘游戏中？这要归功于大脑边缘系统，它天生就会把任何失败都视为对生存的潜在威胁。设想一下原始祖先的处境，如果他在与其他部落成员的争斗中落败，他可能就会失去一个吸引配偶的机会；如果她以物易物去换取食物，却被邻居抢了先，她可能就会饿死。"猴子思维"是："输会导致我比别人差，容易遭受拒绝，容易死亡。"

但是，如果我们不愿冒失败的风险，我们往往会一遇到困难就放弃。我们倾向于回避自己不擅长的事情。当我们遭遇失败时（这是不可避免的），我们就会感觉自己很差劲。输在任何事情上，哪怕是像棋盘游戏这样低风险的事情，都会在我们自己的想象中，给我们打上失败的烙印。

⛢ 为了更自发、更自信、更熟练地与世界打交道，我们需要更好地应对失败。我们不能再把失败视为个人问题，而要看到其本质：每次失败都是学习新技能的必经步骤。我们要培养的拓展性思维模式是："失败即学习。"今天的练习让你在你能应付的低风险情况下锻炼这种思维模式。当我们学会从小事练起，比如愿意在棋盘游戏中接受失败，我们就能为生活中的大事做好更充分的准备。我们将能够追求自己梦想的目标，而不仅仅是自己擅长的目标。这就是为什么失败会让我们成为赢家。

⛤ 由于对失败的厌恶根植于我们的基因中，所以在做这项练习时，你会被各种不舒服的情绪所困扰，比如烦躁、沮丧，甚至尴尬或愤怒。肩膀紧绷、下颌紧锁、血压升高，这些都是身体准备与对手较量的自动反应。我们无法通过对抗来压制这些情绪。绕动你的肩膀，慢慢地对着腹部深呼吸，让自己敞开心扉。这能让你的不适感更有效地消散，从而解放你的头脑，以便学习新的策略和技能。

☆ 如果你在今天的游戏中碰巧赢了，那也没关系，只要你是在"失败即学习"的思维模式下获胜的。愿意承担失败的风险，愿意接受失败带来的不适，为此你要奖励自己。今天，你将追求那些让你成为真正赢家的价值观——成长、开放、坚韧和自我关怀。

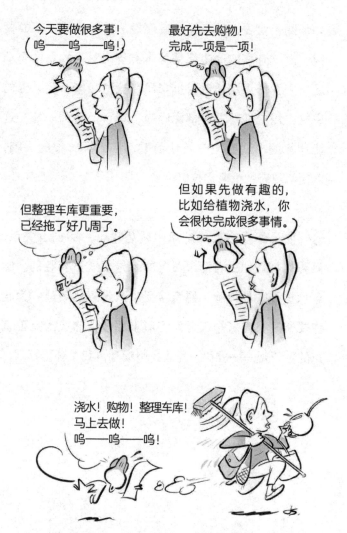

你是否曾被待办事项清单压得喘不过气来？也许你有太多的事情要做，以至于感到力不从心。哪项任务最重要？怎样才能最高效？是先挑最难的开始，还是先从简单的做起，然后再逐步完成？明天的练习将帮助你培养更多的自发性，减少拖延，提高效率。

18. 随机安排任务

今天，你将按照随机顺序处理你的待办事项。今天不要列清单，把待办事项分别写在索引卡或小纸片上，然后扔进帽子或碗里，不要偷看，信手拈一个出来。你手中的待办事项就是你今天首先要做的，不得替换。完成一项任务后，以同样的随机方式再摸取一项，以此类推。如果外部事件导致某项任务变得太困难，就将其放回帽子或碗里，再次抓阄。需要注意的是：不要把时间性很强的任务包括在内，比如预约牙医或接孩子放学回家。

一位外科医生曾向我坦言，每次进入手术室他都会随身携带手术安全检查表。即使同一手术他已做过不下百次，他还是会让护士对照清单认真检查他的操作。他告诉我，生而为人，难免失误，借助清单避免差错让他感到安心。

作为完美主义者，我们常常把生活当作手术室，

147

循序而为似乎生死攸关。我们的"猴子思维"是："如果偏离正确的顺序，就会发生不好的事情。"把这种期望强加给自己，即使是最简单的待办事项清单，也会变成紧张的日程表。当我们遇到障碍时，我们非但不会灵活应对，反而会感到沮丧。我们期望别人遵循我们的计划，并试图控制他们的行为。为避免落后于人，我们尝试同时处理多项任务。或者，如果第一项任务太难完成，我们可能会推延所有待办事项。

❈ 我是天生的计划狂，因而，这项练习不仅我个人常用，而且也是我与来访者合作时的最爱之一。我常备的索引卡随时可以派上用场。我书桌的抽屉里放满了待办事项卡。当某任务再次出现时，卡片就会被重复使用。这项练习要培养的拓展性思维模式是："不按顺序没关系，我不会一无所成！"

放弃对任务顺序的控制，会让完美主义者发生一些转变，迫使我们更加灵活，鼓励自发性。把任务从清单中抽离出来，会增强我们对任务的意识，促使我们专注于"在做"而不是"待做"的事情上。如果你意识到自己在拖延，随机处理任务会让你更容易开始行动。这些好处综合起来，甚至可以让我们比使用清单时更有效率。

※ 把自己从僵化的自我强加的秩序中解放出来并不容易。你可能会觉得事情脱离了掌控，这可能会让你非常痛苦。如果先从一项无关紧要的任务着手，你可能会担心自己在浪费宝贵的时间。如果选择一项困难的任务，你可能会感到力不从心。你可能会对当时不想做的任务感到恼火，或者因没有选择自己喜欢做的任务而感到失望。如果你做事情的顺序让你感觉效率不高，你可能会为能否完成所有任务而焦虑。这些情绪都是自然的，也是你正在创造的改变所必须经历的成长之痛。因此，欢迎它们的到来，将注意力集中到呼吸上，继续练习。无论需要处理什么任务，你都在教你的边缘系统变得更加放松和随和。

☆ 如果你碰巧先选了你想做的任务，没关系，但这并不值得庆祝。你越是不习惯这项练习，你就越能从中成长。例如，如果你因为行事顺序不对，导致本来开车进城一趟就能完成的事跑了两趟，不要为自己的低效率而自责。相反，你可以对自己拍肩鼓励，或者移动你的"自我关怀手环"，温和地提醒自己，低效率是练习的一部分。你在学习，你可以在舒适区之外生存甚至茁壮成长。

几年前，我和道格参加了一个为期一周的工作坊，工作坊是由一对夫妻主持的。虽然两人都朴实无华，但丈夫史蒂夫格外不修边幅。他的头发如此滑稽，我都怀疑他有没有去浴室照过镜子。然后，一周过半，他超越了自己。当他像往常一样咧嘴微笑向我们道早安时，他的门牙位置出现了一个明显的黑洞。凌乱的头发、褪色的夏威夷衬衫、皱巴巴的工装短裤和人字拖，再加上现在的豁牙，他看起来就像个傻子。

我等他解释，但他只字未提。在接下来的几个小时里，史蒂夫一如既往地开讲：令人赞叹的启迪心灵的教学，吸引了大家的注意力和全然投入。直到下午课程，他的妻子才建议他解释一下牙齿缺失的原因。从他给我上的课来看，解释是多余的。我意识到，一个人可以如此自信，以至于外表根本不重要。我暗自惊叹：这该是多么大的自由啊！

你对自己的外表感到不自信吗？你对自己的缺陷耿耿于怀吗？你想减少外貌焦虑并感觉更自信吗？如果你的回答是肯定的，那么明天的练习就是为你准备的。

19. 不掩饰外表缺陷

今天，每当你检查自己的外表是否有瑕疵的时候，都要加以留意；明天，有意识地体验，看看你能消减多少"外表自查"。在这项为期两天的练习中，第一天是正念练习，将你的注意力集中在当下的行为上，不试图评判或改变。你花了多少时间和精力对镜梳妆、称量体重、端详身体、挑选衣服以及询问他人"我看起来怎么样？"。你可能会惊讶于自己在商店橱窗、汽车后视镜和他人眼中审视自己外表的频率，包括自拍时盯着手机摄像头自我打量。

当你更清楚地意识到这些行为时，你就可以开始抑制一些冲动。消除程度取决于你自己，但我建议你把明显的自检行为（比如照镜子和称体重）至少减半。试试看你能否完全克制住，不去询问他人你看起来怎么样，不去触摸令你感到不安的身体部位。不要去掩饰自己的缺陷。例如，我一紧张就会脸红，以前，我总是借助围巾或高领衫来遮掩，而现在，如果我要做演讲，我会穿圆领衫且不戴围巾。

🐵 关注自己的外表是很自然的。作为个体，我们需要吸引配偶来繁衍后代，这从整体上确保了我们这个物种的生存。我们的边缘系统天生就会阻止我们以一副刚从床上爬起来的邋遢模样走向世界，再加上美容产品层出不穷，广告中充斥着美得不可方物的模特，难怪我们中的许多人都相信："只有当我的外表没有缺陷时，我才会快乐、被爱和有价值。"这种"猴子思维"让我们长期处于紧张状态，导致饮食失调、焦虑和抑郁。

𖠖 这项练习旨在帮助你学会自我感觉良好，而不以外在魅力为前提。你要培养的拓展性思维模式是："我的价值并不取决于我的外表。"注意，我说的是"培养"。如果你在自己的身材、仪容、衣着或以上所有方面都追求完美，那么，"不以最佳形象示人也能让自己感到快乐"这个想法听起来似乎是不可能的。但是，有了新的体验，我们的信念就会改变。今天，你将获

得"不知道自己看起来如何"的新体验。如果你愿意
尝试这项练习，你会惊讶地发现，自己外表不完美对
别人来说是多么无足轻重，不需要检查自己的外表会
让你感到多么自由。

✳ 每次照镜子、抚平衣服上的褶皱或检查口红，都
是对"猴子思维"触发警报的反应："呜——呜——
呜！有问题！"我们检查得越频繁，"猴子思维"就越
肯定我们的外表需要检查。要想对自己偶尔不太完美
的外表泰然处之，我们就必须停止用这种检查行为来
助长"猴子思维"。短期内，你会产生更多的不安全感
和焦虑感，但要坚持住。对着自己的不适深呼吸，把
手放在胸口。要知道，你现在这样就很好。

☆ 当你抑制住检查冲动时，你是否移动了"自我关
怀手环"并对自己大加赞赏？请为此奖励自己。当
然，抑制冲动越多，获得奖励就越多。当你屈服于冲
动并善待自己时，也请因为践行自我关怀而奖励自己
一颗星。

　　你是否会因为反复检查以确保没有犯错而花很长时间才完成工作？明天的练习将提高你的工作效率，帮助你对自己充满信心。

20. 不要回头看

今天，选择一项任务，然后一气呵成，不要停下来评估进度或质量。如果你在写报告或邮件，让初稿成为终稿。如果你在拖地，不要去看是否有所遗漏。如果你在穿衣打扮，不要试穿不同衣服，也不要问别人你看起来怎么样。一旦开始便一做到底，不要反复检查是否出错。一往直前，不要回头。

作为完美主义者，我们认为犯错会导致灾难性后果。我们认为，别人会视我们为无能，我们会失去别人的尊重。我们的思维模式是："我必须把事情做得完美，否则我就失败了。"这种思维模式的代价是高昂的。我们对我们所做的每件事都要一而再再而三地进行检查，因此我们没有时间和精力去照顾自己或平衡工作与娱乐。如果我们的自我价值感在很大程度上取决于能否消除错误，我们就会感到高度的压力和焦虑。如果我们的表现很少能达到我们对自己的期望，我们可能会患上抑郁症。

今天，你要采取的拓展性思维模式是：“犯错意味着我是人，而不是我无能。”虽然这听起来很合理，但是，只有允许自己犯错并承担后果，你才能开始相信这一点。随着时间的推移，你会发现自己所犯的错误并不像“猴子思维”所认为的那样是灾难性的。如果你能原谅并接受自己的缺点和不足，你就会减少压力，更加放松，也不容易抑郁。而且，由于你不用动辄停下来评估自己，你会有更多的时间去处理人际关系和发展其他兴趣爱好。

允许犯错对你来说是一个新领域，你会感到不自在。想象一下，早期的探险家们向着地球“边缘”航行时是什么感觉。为了证明地球是圆的，他们不得不冒着从世界尽头坠入深渊的危险。今天就做一个探险家吧。不要退回到反复检查是否出错的老习惯中，而要朝着你的边缘勇往直前不回头。深呼吸，允许自己焦虑，同时提醒自己要追求什么。从不切实际的期望中解脱出来，你不仅能更高效地完成工作，还能发现生活中的流动感。

☆ 不要让"猴子思维"评价你的工作。当你的表现不够完美时,大脑边缘系统就会发出警报。与此相反,你要为自己敢于冒险和涉足新领域而欢欣鼓舞。移动"自我关怀手环"来提醒自己,表现不完美不过是我们生而为人的本色。你追求的不是力臻完美,而是更好更大的目标——无条件的自我接纳。实现这一目标需要决心和毅力。通过反复练习,你一定能做到!

林赛是带着两难的心情前来咨询的。好友的父亲最近过世，好友邀请她前去探望，偏巧在同一个周末，她报了名要去参加每年一度的研讨会。林赛感到很矛盾。她不想错过研讨会，但支持好友亦心中所愿。她眼巴巴地看着我，希望我能帮助她做出正确的决定，于是我指导她做了一个决策练习。

我让林赛写下每个选项的利弊。然后，我让她根据重要程度对利弊因素进行三级评分：1表示有点重要，2表示重要，3表示非常重要。例如，她把有利因素"我不用等到明年"评为2分，把不利因素"我会让好友失望"评为3分。评分完成后，她把两列分值分别相加，一脸惊讶地看向我。

"总分值几乎不相上下！"她说。我一点也不意外。几乎每次我和来访者做这个练习时都会出现这种情况。在我们进行比较时，如果两者利弊悬殊，我们就会更容易做出选择。

林赛的神情有些黯然。"这对我并没有什么帮助。无论怎么选，我都得有所放弃。"她的语气听

起来沮丧而气馁，但她正在取得巨大的进步。她

开始明白，我们所做的任何选择都有内在缺陷。

对做出错误决定的恐惧有时会让你陷入困境吗？明天，你将学会如何既果断又自信。

21. 决定与克服

今天，你将在不确定自己的选择是否完美的情况下做出决定。这听起来是不是很不明智？事实上，试图做出完美决定是导致我们无法做出决定的主要原因，也是我们在做出决定时遭受不必要痛苦的主要原因。如果你经常为了做出正确决定而陷入苦恼，那么这项练习对你很适用。练习共分四步，如果你在第一步或第二步之后已然做出决定，则可跳过其余步骤。

1. 设置计时两到五分钟，具体时长取决于相关决定的复杂程度。写下你能想到的每种选择的所有利弊。时间一到就停止。

2. 根据重要性对每个利弊进行三级评分：1 表示有点重要，2 表示重要，3 表示非常重要。然后将各列分值相加。

3. 设置计时一分钟。权衡利弊或仅凭直觉，计时结束立即做出决定。

4.如果仍在犹豫，那就抛枚硬币决定。

尽管这项练习可以用多项选择来完成，但初次尝试以简单为宜。用于练习的两难困境应该是非此即彼的选择。此外，最好从风险较低的决定练起，比如是外出就餐还是在家就餐。练习会引发不适，应在自己力所能及的范围内进行。通过练习，你会发现这种方法也适用于重大决策。

🐵 这项练习本来简单，之所以具有挑战性，是因为完美主义思维在作怪。作为完美主义者，我们相信存在一个"正确"决定，如果我们做出"错误"选择，我们就失败了，就应该受到惩罚。有些决定简单得很，例如，决定闯红灯就免不了吃罚单。大多数决定要复杂得多，有很多利弊需要权衡。我们的大脑执行系统具备处理复杂问题的能力，而"猴子思维"则不同，它只允许做出完美决定，从而引致没有任何负面影响的结果。但是，再多的研究、思考或担忧也无法实现这一点。为了能够做出决定，我们必须克服"猴子思维"："任何有负面影响的选择都是错误的，如果我做出错误决定，我就是傻瓜！"

🔱 在这个不存在完美选择的世界里，我们唯一的选择就是学会豁达地对待我们的决定，无论结果如何。今天，你要欣然采纳这样一种拓展性思维模式："任何能让我承担责任并从中成长的决定都是正确的决定。"当一个决定的结果是好的，你可以心存感激，开怀以对。当一个决定的结果不理想时，你可以进行自我关怀，发挥创造力，增强复原力。所做决定越多，你就会拥有越多机会去尊重自己真正的价值观，而不是让"猴子思维"左右你。

🐒 随着时间的推移，你会越来越适应风险，也会越来越有信心，相信自己能够处理好所做任何决定的后果。在这个过程中，你会体验到很多情绪。当你在利弊比较中徒劳无果时，你可能会感到困惑甚至绝望。由于任何选择都会有不利的一面，在做出选择时，你会感到一定程度的忧虑或恐惧。你也可能会因为必须做出决定而感到烦躁和怨恨，如果涉及你一直拖延的决定，你可能会因为还没有做出决定而感到羞愧。这些情绪只是来访，而不是驻留。将你的注意力集中在呼吸上，欢迎各种感受的到来。

☆　如果你做出了决定，那么恭喜你！如果你的决定达到了你的期望，那很好；如果没有，那也很好。你的目的是练习果断和自我关怀，而不是做出完美选择。每当你在执行决定的过程中对自己的感受予以欢迎，或者提醒自己运用拓展性思维模式，就移动"自我关怀手环"，或者对自己拍肩鼓励。兼而有之也可以，这是你应得的。

　　如果你需要信息或帮助，你是否有时宁可放弃也不甘冒被拒绝的风险？明天的练习有助于你培养应对拒绝的能力。

22. 自找拒绝

 今天，你会故意提出要求，同时期待得到否定的答案。没错，你会被回绝、被否决、被拒绝，而且别人是故意而为之。

我们总是习惯于只向别人提出合理的要求，因此，设想出这项练习的情境，可能需要花点功夫。比方说，让急于出门上班的伴侣给你做个背部按摩，向地铁上的陌生人索要口香糖或薄荷糖，请咖啡师为一杯拿铁提供折扣优惠，跟警察自拍合影，或者尝试在餐厅点菜单上没有的东西。

注意"三不要"：一不要提出侵扰性或私人化的要求。这项练习的目的是让你自找不适，而不是连累对方不适。二不要触及非你所愿的要求。万一征得别人同意而你未必乐意接受，这种情况从一开始就应避免。三不要未达目的就罢休。征得别人同意也不要满足于此，继续提出要求，直到被拒绝为止。记住，就像本书中的所有练习一样，你可以由微而渐，逐步尝试更具挑战性的拒绝。

🐵 这项练习听起来傻气十足，却是对抗完美主义的巧妙方法。它让我们勇敢面对仅次于死亡的最大恐惧：拒绝。我们无意识的"猴子思维"是："任何拒绝都是危险的，因为它会导致我被踢出圈子。"受这种思维方式的挟持，我们无法去追求自己真正想要和需要的东西，因为我们不愿意冒被拒绝的风险。我们的自我价值感依然脆弱，因为它过于依赖他人的首肯。

🌱 当你遭受过拒绝后，你就会开始认识到，拒绝并不如你想象的那么可怕。当你有信心自己能够承受时，你就更有可能去追求自己想要的东西。在职业上，你可能会冒险去争取晋升，要求加薪，或投资自己的创业想法。在社交方面，你可能会主动建立更多的友谊，进行更多的约会，或领导和激励他人。就个人而言，你不会再对自己所想所愿犹豫不决，你会对自己的价值有更坚定的认识。你将养成的拓展性思维模式是："拒绝并不危险；我可以应对，并在生活中承担更多风险。"随着每一次被回绝、被否决、被拒绝，你会越来越相信这一点。

※ 自找拒绝需要很大的勇气，你会把自己暴露在原始的恐惧中。在开始练习前，你可能会感到非常焦虑。当你被拒绝时，你可能会感到尴尬甚至羞愧。但是，接触这些情绪是习得韧性的最直接的途径，而韧性将使你获得自由。你可以用"欢迎"呼吸法来增强韧性，为这些情绪的来去开启和创造空间。

今天，对自己多一些善意和支持。出门时别忘记带上"自我关怀手环"，它会提醒你自己想要的是什么，也会在你被拒绝时给予肯定。切记，消极情绪是你从练习中大有收获的标志。如果你没有付出汗水，就说明你没有变得更强，所以要不吝流汗、不惧颤抖、不怕脸红。

☆ 如果你今天让自己难堪了，恭喜你！告诉自己你有多勇敢，并移动"自我关怀手环"。如果你今天保持了自己的尊严，问问自己是否真的冒了险。记住，让别人对你倒竖大拇指，你就可以对自己正竖大拇指。明天再试试，只要你有灵感，随时都可以"自找拒绝"。

十年级时，为了达到外语要求，我选择了德语。尽管这不是我的第一选择，但我爱上了德语，并在高中和大学期间一直坚持学习。大三那年，我报名参加了一个为期六个月的德国留学项目。我的学习成绩一向很好，对自己的能力也满怀信心，我期待着能接触到更多的人，吸收更多的文化。

但是，德国当地人的语速比我习惯的要快得多。我很难理解他们在说什么。我的回答有时会招致茫然的目光。有一次，一群小姑娘问我时间，当我把数字顺序弄颠倒时，她们笑得前仰后合。我对别人的评价非常敏感，因此开始避免与德国母语者交谈，而是主要与语言班上的其他同学交谈。可想而知，我的德语流利程度和自信心并没有提高，我与当地人和当地文化也没有建立起什么联系。回到美国后，我完全不说德语了。

你在意自己说的话听起来有多准确或多连贯吗？你会避免使用以前从未使用过的词语和表达方式吗？如果别人没有正确理解你的意思，你是否会自动责怪自己？有时，你是否宁可保持沉默，也不愿冒因说话而使自己难堪的风险？明天的练习会提供一些好方法，帮助你克服谈话中可能出现的羞愧和尴尬。

23. 故意口误

今天，你要故意说错一个单词或用错一个短语。口头交流时我们难免会出错。今天，你要故意口误。如果你讲英语的话，你可以去咖啡店点一杯 "laddie（老弟）"，而不是 "latte（拿铁）"；在餐厅要一份 "scissors salad（剪刀色拉）"，而不是 "Caesar salad（恺撒沙拉）"；或者你想用 "as the crow（乌鸦）flies" 这句习语来表达两个地点之间的直线距离时，故意说成 "as the cow（母牛）flies"。你要提前计划好在什么场合存心出错。如果你在无意中碰巧口误，那就歪打正着趁机练习。不要道歉或解释，比如说"对不起，我说错了！"。对口误顺其自然，无论后续如何，你都能应对自如。

我们经常听到别人发错音，对此往往毫不在意；当我们自己口误时，却会道歉和自责。作为完美主义者，我们在无意识中给自己设定了更高的标准。这是

173

因为，我们所说的每一句话都受到"猴子思维"的严密监控，而"猴子思维"对风险的承受能力非常弱。对"猴子思维"来说，说错一个单词或短语会暴露我们的无知。我们可能会失去他人的尊重，进而名誉扫地，乃至被社会排斥——这是一种生存威胁。当我们用"猴子思维"思考问题时，我们认为："我无法承受自己显得愚蠢，无法承受自己被人评判，这样太冒险了。"

当我们认为自己必须表现得知识渊博才不会显得愚蠢时，我们很可能会避免谈论我们不熟悉的话题，或者避免与不熟悉的人在不熟悉的情境中交流。这不是我们学习和成长的方式。当我们的自我价值感依赖于别人认为我们总是很聪明时，我们的自尊心就会非常脆弱。要想变得更有见识和更自信，我们必须愿意表现得愚蠢。我们需要的拓展性思维模式是："在别人面前表现得愚蠢是可以的。我能应对！"只有这样，我们才能避免助长"猴子思维"，而是培养自己的更高价值——真实、脆弱和好奇。

要想从容面对被他人评判的可能性，唯一的办法就是将自己置于潜在评判之下。这项练习旨在于此。这项练习会让你焦虑不安，唤起羞愧和尴尬等挑战性情绪，感受到边缘系统发出的"非战即逃"警报。别忘了是什么触发警报的。张开双臂欢迎这些情绪，它们是你正在成长的证明。随着时间的推移，它们会逐渐减少。移动"自我关怀手环"来赞赏自己的勇气，提醒自己保持拓展性思维模式。通过自我关怀，你将为自我价值奠定一个更坚实、更安全的基础。

☆ 今天，当你发音有误或用词不当时，结果会有所不同。如果别人加以纠正，而你也欣然接受，那就对自己拍肩鼓励，做得不错。如果你为此解释或者流露出这是一个故意的口误，移动你的"自我关怀手环"，原谅自己。大量单词和短语正等着你明天继续练习。

当你在某件事情上失败或没有达到自己的期望时，你是否会责怪自己？你想对自己更有爱心和同情心吗？明天的练习将帮助你做到这一点。

24. 失败与原谅

今天，你要做失败一件事，然后原谅自己。或许你以前未必计划过失败，所以你可能不知道如何开始。我建议你列出自己不擅长的五件事。我所列的是数学、绘画、打结、数独和填字游戏。列出清单后，挑选一件最好你现在就能做的事情。

人类厌恶失败。我们最早的祖先可能还没有可用之词来形容失败，但当他们在狩猎或采集后空手而归时，他们会感到羞愧。我们的边缘系统天生就具有防止失败的功能。

虽然我们在进化中已经明白，犯错误和达不到目标是学习的必要过程，但我们的边缘系统不这么认为。"猴子思维"是："未达所愿意味着我不够好。"把成功作为拥有良好自尊的先决条件是一个难以企及的标准。当我们无法达到这个标准时，我们就会批评和惩罚自己，幻想着我们的羞耻感会以某种方式改善我们。如若不然，我们就会把自己的活动局限在自己擅长的领域。如果不能冒失败的风险，我们就无法学习新技能。

〽 当我们追求自己真正想要的东西时，我们会跌倒，会犯错，会尴尬笨拙。我们完美主义者需要的是自我关怀的思维模式："失败意味着我承担了风险，而承担风险是我学习的方式。"当我们未能达到对自己的高期望时，我们必须是原谅而不是责备自己。唯有如此，我们才能重新站稳脚跟，继续迈步向前。

当然，我们可能在理智上知道鼓励比嘲笑更有效，但要根除伴随我们一生的完美主义信念却很难。自我关怀和其他技能一样，需要不断练习。当你在某件事情上失败时，要像对待小孩子一样与自己对话。这里有一些自我肯定宣言，可以添加到你的拓展性思维模式中。多多对自己重复，再多都不为过。

"'失败'没关系。"

"我为自己尝试不擅长的事情而感到骄傲。"

"继续努力，我不一定非得擅长。"

"我做得很好，尝试了自己天生不擅长的事情。"

✸ 当你的表现不尽如人意，或者不如你想象中的那么好时，你很可能会感到沮丧、羞愧，甚至愤怒。这是一个好迹象。这意味着你已经全身心地投入到练习中，你的完美主义倾向已经被激活。当你感受到这些情绪时，不要屈服于想要更加努力的冲动。与之相反，专注于呼吸，提醒自己保持拓展性思维模式。你越欢迎失败的感觉，你的身体就越善于处理它，它对你生活的影响也就越小。请记住，你为这些不舒服的感觉腾出的空间，也正是更多耐心、善意和宽容得以茁壮成长的空间。你不仅可以为自己提供这些关怀成分，也可以为他人提供。

☆ 故意失败可能比你想象的要难。如果你一不小心把所选之事做成功了，那么下次就选更具挑战性的事情来尝试。但如果你确实犯了错误，误解了指示，搞砸了事情，或者半途而废，那就太好了！失败有多大，奖励就有多大。移动"自我关怀手环"，对自己拍肩鼓励，告诉自己做得好。

今天早上，在写下一章练习内容时，我决定休息一下，于是去了健身房。当我在更衣室系网球鞋带时，一位女士伸手去拿放在我身边长凳上的毛巾。"哦，对不起！"我脱口而出，因为我可能挡了她的路。意识到我的道歉是多么荒唐和多余后，我笑着告诉她，今天早上我刚刚写过关于这个话题的文章。她也笑了，告诉我她多年来一直在努力克服自己的道歉倾向。

健身结束后，我骑自行车回家。前面并排行走着三位女士，我按响车铃来提醒她们。当她们调整位置为我让路时，我意识到打扰她们走路让我感到不安，我有一种强烈的冲动，想在经过她们身边时向她们说一声"对不起！"。可我还是说了句"谢谢！"。这也让我感觉不舒服。她们会不会认为我自以为是？对我来说，学习如何在这个世界上占用空间（而不为此道歉）是一个持续的项目。

有人说过你道歉过多吗？你自己这样想过吗？在别人质疑你之前，你的道歉是否已脱口而出？在明天的练习中，你将仔细觉察自己如何道歉以及何时觉得需要道歉。

25. 注意你的道歉

今天，你会注意到你每次为自己辩解或向别人道歉的时候。例如，你可能和别人同时伸手去拿咖啡壶，"对不起"瞬间脱口而出；你可能不小心打断了别人，为此向对方道歉；你可能记不起来别人的名字，然后开玩笑说自己上了年纪；你在回复邮件时，开头就是一句"很抱歉耽搁了"。你甚至可能会对今晚为客人准备的食物加以解释："如果我腌制得久一点就更好了。"任何时候，只要你为今天所做或未做的事情道歉，不管是无关紧要的疏漏还是近乎致命的错误，都要记下来。

不要试图减少辩解或道歉。今天是正念练习，你只是在观察对我们大多数人而言的无意识行为。你可以设计一张统计表，帮助你记录自己的观察结果。

道歉和辩解是社交的重要组成部分。它们向他人表明，我们对自己的行为负责，并传达出我们关心他人感受的信息。但是，当我们在没有意识或意图的情况下条件反射地道歉或辩解时，我们很可能是出于恐惧，是被"猴子思维"所挟持。对"猴子思维"来说，任何不完美的事情，无论多么微不足道，比如只是挡了别人的路，都会让我们受到他人的评判。道歉或辩解表明我们已经对自己做出了评判。这种先发制人的行为是为了抵御攻击。我们的"猴子思维"："最好的防御就是进攻。不要给任何人留下评判你的余地。"当你今天观察自己道歉时，看看自己是否注意到了这种思维。

如果可以的话，也要注意一下别人是如何回应你的道歉和辩解的。道歉是鼓励还是阻止别人批评你？别人会很快原谅并安慰你吗？他们是否有时也会以道歉作为回应？

꙰ 道歉和辩解是你对自己无意识的评判，因此，让自己察觉到它们将引发更多的评判，并考验你是否善于自我关怀。我们不需要为我们的道歉而辩解。今天，你要接受的拓展性思维模式是："道歉没有对错之分。这是不完美的我的一部分。"今天你要练习的是无条件地接受此刻发生的一切，包括你觉得未必必要的道歉。

※ 要知道，我们对自己的错误或为错误道歉的额外审视，都会引发负面情绪。我们感到羞愧、尴尬或气馁时，很难保持清醒的自我意识。无论出现什么感觉和感受，我们都应该欢迎。它们只是需要被注意到而已。在统计表上把它们记录下来。

☆ 每当你注意到自己在辩解或道歉时，就移动你的"自我关怀手环"，以示奖励。每当你花时间在统计表上记下你的观察所得时，就拍拍自己的肩头或心口。一天结束后，当你回顾自己的统计表时，告诉自己做得好。如果你没有记录，或者没能及时发现自己的行为，也不必道歉，明天再来一次吧。

你是否发现自己总是在辩解和道歉？明天的练习将帮助你培养自我接纳和自信。

26. 不辩解

今天，你要克制为自己或自己的行为道歉或辩解的冲动，"坦然承担"。如果上班迟到了，你会忍住责怪交通堵塞或咖啡店排队的想法，保持安静，跟老板打声招呼，然后开始工作。如果在主持会议，你不会解释自己没有时间充分准备议程，而是会说你为此付出了多少努力。如果你和别人同时到达门口，为了避免相撞而相互驻足礼让，你不会说"对不起!"，而是会感谢对方让你先行。在所有你可能会条件反射地道歉或为自己辩解的情况下，你都要练习自我接纳。

这项练习是前项练习的后续。在前项练习中，你观察并记录了自己一天中的道歉和辩解行为。请先做前项练习。通过识别哪些情境会唤起这些习惯，你就能预料会发生什么，冲动就不太可能让你措手不及。

虽然有时为自己的行为辩解和道歉是必要的，但完美主义者认为，只要有一丁点冒犯别人的可能，我们就有必要道歉。任何未能达到他人期望的行为都需要加以解释。我们的一举一动不仅要让自己满意，还要让任何可能对我们进行评判的人满意。

不幸的是，掌控我们边缘系统的"猴子思维"并不擅长风险评估。它甚至会把我们最微不足道的不完美视为被他人拒绝的理由，然后促使我们为此做些什么。通过为自己道歉，我们让别人没有必要批评我们。我们的道歉先于他人的判断。我们采用的"猴子思维"是："如果我先承认自己的失败，或者以某种方式加以解释，别人就不会因此而评判我。"

任何无端的辩解和道歉所带来的安全感都是有代价的。辩解和道歉会鼓励别人来宽慰我们，而不是给我们可以借鉴的诚实反馈。它们向"猴子思维"传递了一个信息：即使是最微乎其微、最无足轻重的过失，辩解和道歉也是必要的。它们是助长"猴子思维"的养料，这意味着今后我们会因为无关紧要的错误而产生更多不必要的"非战即逃"情绪。

☀ 你今天要培养的拓展性思维模式是："我不需要为自己犯错或给他人带来不便而辩解。我可以承受别人的评判。"这种思维不仅能帮助我们克服"猴子思维"，还能强化我们有权在世界上占有一席之地的信念。而且，不必道歉或为自己辩解迫使我们承认自己的不足，我们因而有机会练习原谅自己，无论我们是否想象别人也会这样做。自我关怀是我们每个人都渴望的自信的基本要素。

⚛ 没有了道歉给你的保护，你肯定会对被批评感到更加焦虑。感谢别人包容而非道歉，可能会让你觉得尴尬。焦虑和尴尬是"猴子思维"要求你采取行动保护自己的信号。与其对这些感觉做出反应，不如运用"欢迎"呼吸法为它们留出空间。它们是学习接受自己和自己在世界上应有位置的过程中不可避免的成长之痛。你接纳的痛苦情绪越多，你获得的成长就越多。

☆ 当"对不起"脱口而出时，不要为难自己。道歉和辩解是根深蒂固的习惯，改变它们需要时间。如果你注意到了，就对自己拍肩鼓励，或者移动你的"自我关怀手环"，要保持耐心。归根结底，今天的练习旨在自我关怀，而不仅仅是对辩解和不必要道歉的熟练掌握。

我属于喜欢洗衣服的那类人。洗净的衣服从烘干机里拿出来，香喷喷还热乎乎，外加叠衣服的过程，都让我感到非常满足，颇有几分小功告成的成就感。但有一样我始终没学会，那就是如何叠床笠。几个月前，我在网上找到了一个两分钟视频教程，只需简单四步，便能轻松搞定。

可是，才过三十秒，我就手忙脚乱了。将床笠正面朝里横着拿起来，双手撑起两个角。嗯哼，好的。接下来，将床笠长边向中间合拢，将右手的角套在左手的角上。啊哈？然后，沿床笠短边把第三个角从底部拉上来和刚刚叠好的两个角重合在一起。什么？啊！对我这个年纪的女士来说，讲解老师的动作可太快了。我连看八遍视频，还是毫无头绪。呜呼！

我另找了一个视频，同样宣称简单易学。我看了六遍，还是学不会。我又看了第三个视频。依旧一头雾水。无奈之下，我重又回到第一个视频。困惑依旧，挫败感越来越强。我本以为这个有趣的项目顶多需要三十分钟，在此之后我就可以享用午餐了。再接再厉！尽管不如人意，我还是固执地不肯放弃。

终于，一个小时后，一道闪电蓦然划破长空，我灵光乍现，颤抖的双手里端然在目的是叠得几近完美的床笠。我疲惫不堪，烦躁不安，下楼去吃午饭。当头痛减轻而血糖恢复正常时，我在想，我是怎么把一件本该很有趣的事情变得如此紧张的呢？

我重新过了一遍（不，不是如何叠床笠，这些步骤我可能无法复制！），我是如何对待这项任务的呢？嗯，是这样的，我假设自己一学就会，假设自己不会出错。领悟之后我决定，如果下次想学些什么，我就带着某位天才师者的精神来学。据称爱因斯坦曾说过："从未犯过错误的人，也从未尝试过任何新事物。"

你是否倾向于回避自己不会的事情，而固守于从事自己擅长的领域？你是否羡慕别人拥有充实广泛的兴趣爱好？你是否曾经因为对自己学习必要新技能的能力缺乏信心而错失职业发展机会？那么，接下来的练习就非常适合你。

27. 做个新手

今天，你要尝试一些新事物，最好非你所擅长，这样就有充足机会出问题。你可以尝试学习网上教学视频或课程，也可以尝试画静物画或不按食谱烹饪。你可以尝试一些具有挑战性的事情，比如第一次去上瑜伽课，也可以尝试一些简单的事情，比如在不熟悉的商场或超市购物。如果你觉得自己会出错，那你就走对了路。

完美主义的一个明显标志就是认为错误是软弱的表现。相较于表现完美的同类，我们觉得自身价值较低。这种苛刻的观点反映了边缘系统的生存议程，它正确地观察到，掌控力会增加我们的生存机会。因此，根据"猴子思维"的逻辑，错误等同于失败。但是，"猴子思维"并不明白，反复试验和犯错是通往精通的唯一途径。缺乏洞察力的代价是巨大的。我们的执行大脑被挟持时，会将错误视为失败，这样我们就无法敞开心扉去尝试新事物。我们的生活就会狭隘而封闭，没有风险，也没有风险带来的回报。导致这种生活的思维模式是："为了安全和有价值，我必须不犯错误。"

✸ 这项练习会教你以不同的态度对待错误。你要强化的拓展性思维模式是："犯错表明我敢于冒险尝试新事物，是我成长的机会。"今天，你将在计划好的低风险情境中练习这种思维模式。如若反复练习，随着时间的推移，你会更愿意尝试新事物，以更开放的心态面对犯错的风险，在犯错时对自己更加宽容。通过更多试错并从中学习，你会在生活中的更多领域获得更多驾驭能力。而且，通过培养以自我关怀而非自我惩罚来应对犯错，你会对自己的价值有更确定的认识。

✸ 虽然你将改变自己的行为并采用新的思维方式，但你的情绪不会因此而改变。你一定会对自己正在尝试的新事物感到忧虑和焦躁，在遇到阻挠进展的第一个障碍时，你可能会感到沮丧或尴尬，或者兼而有之。如果你搞砸了，你会感到羞愧。所有这些情绪都是正常的，也是意料之中的。今天，你要做的就是保持呼吸，给这些情绪以充足时间来释放。它们不可能永远持续下去，尤其是当你不再向它们灌输"错误＝失败"的旧观念时。

☆ 当我们犯错时，我们的条件反射就是巴不得踹自己两脚。今天，你要学会对自己拍肩而非踹脚。如果你没能及时觉察并阻止自己的条件反射，那也没关系。只需拍肩两次，一次是因为你注意到了以前的自我惩罚方式，另一次是因为你犯了错。别忘了移动你的"自我关怀手环"，这是个很好的视觉提醒，让你在犯错时表扬自己。

　　你是否被各种不得不做的事情压得喘不过气来？你是否但凡开始做一件事就很难停下来，不到完成不歇手，即使最终感到精疲力竭？你是否希望感觉更放松、更随和、更有活力？如果是这样，那么明天的练习就是为你准备的。

28. 以爱之名停下来

今天，你会在任务完成之前就停止工作。选择一些你通常不到完成不歇手的事情。比如洗碗时洗一半留一半，比如离开办公室时还有邮件没回或报告没交，比如用吸尘器只清扫家里的一层楼，比如家务琐事留一件不处理。只要不是时间紧迫或直接影响他人的任务，你选择什么都无所谓。

大多数完美主义者只有在一切都完成后才能休息和放松。这种策略起源于我们获取食物和住所的原始驱动力，如果没有食物和住所，我们就无法抵御饥荒、天气和捕食者。"猴子思维"是："只有当所有任务完成后，我才能休息。"

把事情做完是没有问题的，但如果我们必须把所有事情都做完才能感觉良好，那就有问题了。在我们忙碌的生活中，总会有其他事情值得我们关注。我们在"非战即逃"的狂乱中从一个任务跳到另一个任务，从不停下来休息和放松。等到一天结束，我们压力山大，疲惫不堪，身心都陷入紧绷状态。当我们没有时间进行自我照顾和自我关怀时，我们的生活虽然富有成效，但毫无乐趣可言。

〰 我们要培养的拓展性思维模式是："自我照顾对我的安全和幸福与打理业务一样重要。"给自己留出恢复精力的时间，会让我们在做任何事情时都更加强大。我们可能会发现，做事是一种乐趣，而不仅仅是完成任务。当我们允许自己在需要休息的时候休息，而不是在我们认为应该休息的时候休息，我们就会有更多的精力投入生活的其他方面，比如人际关系和创意项目。把我们的注意力从"完成任务"上移开，会让我们变得更随和，控制欲更少，与人相处也更愉快。这就是我所说的"以爱之名停下来"！

※ 有事留着不做完并不容易，你可能会感到沮丧、不安全和焦虑。这些感觉都是我们不想助长的"猴子思维"的行动召唤。慢慢深呼吸，让你的情绪得到释放。不要屈服于返回任务中的冲动。

☆ 当你面对未完成的事情可能产生的惩罚性情绪时，你应该得到很多赞美和鼓励。奖励自己一颗或两颗星，移动你的"自我关怀手环"，默默地告诉自己，或者最好大声告诉自己："我正在学会歇手。这对我来说很好！尽管很难，但我能做到。"记住，你越经常重复你的拓展性思维模式，你的练习效果就越好，你得到的星星也就越多。

觉得自己没有创造力？你想变得更随性，愿意冒更多风险吗？明天的练习将对以上问题有所帮助。

29. 成为真正的艺术家

拿起手头的记号笔，找出自家小朋友的绘画用具。今天，你将成为一名艺术家。没错。你会尝试素描、涂鸦或绘画。铅笔、彩笔、水彩颜料，甚至手指画颜料，家中任何可用之物都可以。如果你想去趟美术用品商店，那也不错，心动就行动。

这项练习至少需要五分钟，花多长时间视兴致而定。你可以从某个绘画提示词开始，比如瀑布、树木或太阳，也可以采用抽象手法。如果你毫无思路，那就信手涂鸦。如果你具备一定的绘画技巧或经验，可以改用非惯用手来挑战自己。如果你的创造力一时发挥不出来，没关系，你大可继续涂鸦。

创作出让评论家满意的作品并不是本次练习的目的。你只是想体验面对白纸来表达自我的过程。

孩提时代，我们沉浸在蜡笔和涂色书的世界里；成年之后，对于我们中的大多数人而言，除签名以外，提笔做任何事情都会感到不自在。在生命中的某个时刻，或者在经年累月中，我们养成了这样的思维模式："如果画不好，我就不该画。"我们的作品可能会受到评判，这种风险太大了，即使周围没有人，我们最大的批评者——"猴子思维"也始终与我们形影不离。

⚜ 在你涂涂画画的过程中，注意会出现哪些评判。每当你注意到自我批评时，都要提醒自己，它来自惊恐不安的"猴子思维"。重新调整自己，以拓展性思维模式来面对："无论结果如何，进行一次创作冒险总是好的。"如果你能以这种方式接受风险，你就能让自己完全沉浸并专注于你正在做的事情——这就是所谓的"心流状态"。还有比这更好的生活方式吗？

🪷 当然，强烈的羞耻感、不安全感、困惑和烦躁会伴随着这些评判性想法。即使专业艺术家也无法避免这种经历。保持呼吸，意识到你正在创造的内心空间——恰如一块空白画布，你的痛苦感受可以在上面尽情抒发。最终，它们的色彩会褪去，让位于自发和快乐的新笔触。

☆ 你忍不住会审视自己的作品，并与有天赋的人的作品进行比较。感谢"猴子思维"的意见，记住你不是在追求好评。如果你表达了自己——无论多么笨拙，如果你留下了痕迹，无论多么潦草，今天你就是一位真正的艺术家。

　　大约十年前，我去拜访老友。我迫不及待地向她讲述我最近的爱好：克服自己的完美主义。她认识我很久了，或许比其他任何人都更能理解我的想法。

　　我们计划一日游——骑自行车、乘渡轮去多伦多岛公园、野餐，并且决定，每当我们发现自己、他人或周边世界中有任何不完美的地方，我们都要庆祝一下。我们把这个游戏叫作"庆祝不完美"。

　　没过多久，庆祝就开始了。在排队等候渡轮时，我蹭到了自行车链条，裤腿沾上了难看的黑色油渍。我指给老友看，于是发出"庆祝不完美"的欢呼。在岛上，我们铺开野餐毯，发现她忘了带奶酪刀，于是舞之蹈之，索性以指代刀在面包上涂抹奶酪。我们都想去游泳，但双双忘了带泳衣，于是击掌相庆，脱得只剩内衣，跳入水中畅游起来。我们一起庆祝了这不完美的一天。

在我们的生活中，每天都会有许多事情出错，抱怨和责备是很自然的。如果把不完美当作值得庆祝的缘由，那会是什么感觉呢？且看下一项练习，也是最后一项练习。

30. 庆祝不完美

　　今天，你要把一切不如意都变成庆祝的缘由。包括自己或别人的所有差错，包括任何令你失望或尴尬的事情。如果今天发型不理想，甩甩头来句"耶！"；如果临近路口却红灯亮起，挥挥拳喊声"嘿！"；如果盖杯子时不小心把咖啡洒了一地，不妨来段欢快的吉格舞，注意别被水渍影响而滑倒。

　　无论哪一天，都不会事事完美。交通、天气和电脑都可能不尽如人意。我们难免会犯错，我们的孩子、朋友和同事也是如此。虽然不完美是生活的自然规律，但作为完美主义者，我们会无意识地持有这样的"猴子思维"："如果我有所失误，有所疏漏忘记，或者事情没有按计划进行，就可能一错毁所有。""猴子思维"的口头禅是安全和可预见性，一旦出现偏差，就会大发警报。我们的反应则通常是绷紧身体、评判自己和他人、抱怨，所有这些行为都会助长"猴子思维"。

⛎ 我们无法改变生活的自然规律，但我们一定可以改变我们的应对方式。选择庆祝不完美，我们就能重新调整自己的思维模式："当我有所失误，有所疏忘，或者事情没有按计划进行，这就是一个机会，让我去控制我唯一能控制的——我的反应。"这种策略将增强我们的韧性，使我们能够更快地从错误和不幸中恢复过来。选择用幽默和轻松的方式对待不那么完美的时刻，我们就能在整个生活中培养更多的自发性和快乐。

🎆 当事情出错时，尤其是当我们犯错时，我们的边缘系统会让我们感受到痛苦。失望、自责和羞愧只是可能产生的几种情绪。而佛家认为，痛是难免的，苦却是甘愿的。意思是，当我们通过紧张、抱怨、评判自己和他人来抵制痛苦时，我们就是在制造痛苦。所以，今天，请敞开心扉，欢迎痛苦，庆祝痛苦，不仅在你的头脑中，更要调动你的呼吸、你的全身心。

☆ 今天对自己的评分不要太苛刻。面对令人沮丧的不完美，我们的默认反应——紧张和烦躁可能发生得太快，以至于你可能无法及时发现并加以阻止。没关系。在你抱怨、咒骂或自谴之后，轻轻地提醒自己，今天你是在庆祝不完美，而后欢呼一声"耶！"。这听起来可能有些做作或勉强，但不要紧，迟做总比不做好。任何时候，每当你启动拓展性思维模式，迎接不舒服的情绪，你都在训练自己——朝着自己真正的价值观迈进。这值得庆祝！

后 记

通过阅读本书，你培养了以下品质：

容许被批评，使你能够采纳反馈意见，帮助你取得进步。

勇于犯错，这样你才能在不断的尝试和错误中取得进步。

即使任务未完成也能停止工作，让自己腾出时间来照顾自己，与家人和朋友共度美好时光。

不受他人评价的影响，因此你可以表现出自己的诚实、真实、脆弱。

敢于冒失败的风险，这样你就能追求可以给你带来最大成就感的困难目标。

授权能力使你能够利用他人的力量，让自己免于心身耗竭。

就像体育锻炼一样，你需要保持这种心理练习的效果。为了保持和巩固通过这三十项练习所取得的成果，请将其变成你日常生活的一部分。你想从完美主义中解脱多少？归根结底，你可以享受的自发性、创造性、真实性、自我照顾、联系、人生目的和自我关怀是没有限制的。所以，明天以及以后的每一天，都不要忘记日有所练！

★★★ 敏感系列 ★★★

★★★ 女性成长系列 ★★★

★★★ 自我疗愈系列 ★★★

★★★ 应对 + 再见系列 ★★★